糖料蔗灌溉及管理技术 120 问

李新建　李桂新　主编

黄 河 水 利 出 版 社

· 郑 州 ·

图书在版编目(CIP)数据

糖料蔗灌溉及管理技术120问/李新建,李桂新主编.—郑州:黄河水利出版社,2015.9
ISBN 978-7-5509-1246-5

Ⅰ.①糖… Ⅱ.①李… ②李… Ⅲ.①甘蔗-栽培-问题解答 Ⅳ.①S566.1-44

中国版本图书馆CIP数据核字(2015)第230751号

出 版 社:黄河水利出版社
地址:河南省郑州市顺河路黄委会综合楼14层 邮政编码:450003
发行单位:黄河水利出版社
发行部电话:0371-66026940、66020550、66028024、66022620(传真)
E-mail:hhslcbs@126.com
承印单位:河南省瑞光印务股份有限公司
开本:890 mm×1 240 mm 1/32
印张:2.625
字数:71千字 印数:1—5 000
版次:2015年9月第1版 印次:2015年9月第1次印刷
定价:36.00元

《糖料蔗灌溉及管理技术120问》编委会

核　　定：杨　焱

审　　查：顾　跃　闫九球　甘　幸

主　　编：李新建　李桂新

撰 稿 人：廖　婷　梁梅英　莫　凡　粟世华

黄忠华　唐建军　赵海雄　罗维钢

蒙建玲　张洪平　黄宇星　李继春

颜洁真　覃世合　李文斌　阳青妹

吴昌智　黄　绘　伍慧锋　冯　广

张振爱　粟有科　郭　攀

前　言

广西位于亚热带地区,素有“八山一水一分田”之称。蔗糖业是广西的支柱产业,目前广西的糖料蔗产量和蔗糖产量均占全国的60%以上。由于缺乏灌溉设施,目前广西糖料蔗生产仍处于“靠天吃饭”的局面,抗灾能力极低,产量波动大。为促进广西糖料蔗灌溉技术推广,满足广大农民群众生产、生活需求,编者编写了《糖料蔗灌溉及管理技术120问》。该书根据广西水利厅组织的“广西糖料蔗高效节水灌溉技术及用水定额研究”项目实地试验研究成果,同时结合广西灌溉试验站50多年的试验数据资料,就糖料蔗产业的现状,糖料蔗的生长发育规律,需水规律、需水量,灌水时间、灌水次数和灌水量,与农艺配套的灌水方法、生产管理技术,病虫草害和自然灾害的防御等方面的知识,以简单明了的提问、开门见山的回答、通俗易懂的文字、生动形象的配图,讲解了120个问题,具有很强的针对性、实用性和可操作性。

编　者

2015年7月

目　录

一、概　述

1. 糖料蔗的起源是什么?

糖料蔗在分类学上属于植物界被子植物门单子叶植物纲禾本目禾本科糖料蔗属。关于糖料蔗的起源有三种说法,一是起源于印度(骆君肃,1992),二是起源于南太平洋新几内亚(Brandes et al.,1936),三是起源于中国(周可涌,1984)。可见,我国是世界上古老的植蔗国之一。

2. 农业水资源如何组成?

农业水资源泛指自然水资源中可用于农业生产的部分,一般包括降水、地表水、地下水和土壤水。随着经济和科学技术的发展,废污水、地下咸水、海水等劣质水经一定的处理后,也可用于农业生产。

3. 土、肥、水对糖料蔗生长的作用有哪些?

土,是糖料蔗生长发育的基础。它为糖料蔗提供必要的生活条件,是特殊的生产资料。我们要长期使用土壤,不断地提高土壤的肥力,就要对土壤进行合理的利用和改良,认真地做好土壤普查和改良工作。应根据土壤的不同特性,运用各种措施,不断地提高土壤的肥力,为糖料蔗的生长发育创造良好的条件。

肥,是糖料蔗的粮食。糖料蔗全生育期需要大量的氮、磷、钾元素和其他一些微量元素。施肥,可提供糖料蔗需要的各种营养物质,满足糖料蔗对各种营养物质的要求,使糖料蔗正常生长发育。应根据土壤的理化特性和糖料蔗各个生育期的生长发育要求,因地制宜适时适量地合理施用各种肥料,这样不仅可以保证当年产量,而且可以不断提高土壤肥力,有利于来年糖料蔗高产高糖。

水,是糖料蔗的血液,是糖料蔗生长不可缺少的条件。“水利是农业的命脉”,就是对糖料蔗和水的关系的生动比喻。糖料蔗的整个生育期有一个需水规律,只有按照这个规律用水,糖料蔗才能生长得好,反之就生长不好。水少造成茎节短小,水多则造成病多倒伏。俗话说:水是蔗的命,又是蔗的病,讲的就是这个道理。

4. 水和土壤肥力有什么关系?

水是构成土壤肥力的要素。一切养料元素都要溶解于水,并保持一定的溶液浓度,才能为甘蔗所吸收和利用。土壤中的养料、空气、热状况等肥力因素的变化都取决于水。适量的水能使土壤中的水、肥、气、热状况互相协调,土壤肥力提高,可以满足甘蔗生长发育的需要,获得高产;反之,则会对甘蔗生长不利。

在土壤肥力的各种因素中,水充满土壤的团粒结构的孔隙之中。养分的积累和分解作用,空气的流通和闭塞,温度的升高和降低,都直接取决于这个因素。灌水和降雨过多,土壤中的空气就被水排斥,造成土壤中透气不良,温度下降,土壤中的养分溶液浓度降低,养分随着水分的渗透而流失,使土壤肥力降低,肥田就变成瘦田,这是水分过多对土壤肥力的影响。另外,土壤中的空气被水排斥之后,造成透气不良,直接影响土壤中好氧性微生物的活动,使土壤中的氧化过程变为还原过程,这样不但使田土中的有机肥料不能很好地分解,而且还会产生一些有毒物质,如硫化氢等,毒害甘蔗的根部,使白根减少,黑根增多。这些变化引起甘蔗吸收养分状况的变化,使土壤中的可供给养分减少,对甘蔗的生长不利。如果甘蔗田中水分适宜,则透气性良好,土壤中的养分随水移动,并聚集到根系的周围,有利于甘蔗吸收。水分过少,则土壤中的有机质不易分解,虽有养料,但不能溶解于水中,甘蔗就不能吸收和利用。同时,如果水分不足,就会引起土壤温度升高,甘蔗吸水困难,造成干旱,影响甘蔗正常生长。

由此可见,土壤肥力的变化,直接取决于水的变化。这就说明水可使土壤中的肥力提高,也可使土壤中的肥力降低。因此,我们必须抓好甘蔗科学灌溉，把治水与改土结合起来，才能提高土壤的肥力，为甘蔗高产高糖创造良好的条件。

5. 水与甘蔗生长有怎样的关系？

甘蔗是一种耐旱的作物，但没有水的供应，甘蔗生长发育就会受到严重的影响，甚至死亡，水多则造成倒伏和含糖量降低，因此研究水和甘蔗的关系，实行科学用水对甘蔗高产稳产具有极其重要的意义。水对甘蔗的重要性，可以概括为以下几方面：

（1）水是甘蔗最大的组成部分。

甘蔗体内含水比重是相当大的，通常为鲜重的80%以上，叶子含水占叶重的80%～95%，根部为70%～80%。只有风干的蔗茎含水较少，一般占茎重的5%～10%。甘蔗生长只有在吸水后，才能保持其固有形态，使植株挺立，叶片伸展，有利于接受阳光，并与周围环境交换气体，进行正常的生理活动。

（2）水是甘蔗制造养分的原料。

绿色植物制造养分主要靠光合作用。什么叫光合作用？光合作用就是绿色植物的叶绿素，在太阳光下把从根部吸收来的水和从空气中吸收来的二氧化碳，利用太阳的光能制造碳水化合物，并释放出氧气的过程。没有水，光合作用就无法进行。也就是说，没有水，甘蔗就无法制造养分满足植株各个器官体生长发育的需要。

（3）水是甘蔗体内运输养料的“血液”。

动物体内营养物质的运输靠血液进行，植物体内养料的运输则是靠水分进行，可以说水就是甘蔗体内的“血液”。田中施放的肥料，必须首先溶解在水里变成土壤溶液，才能被甘蔗的根部所吸收，并通过水从基秆导管输送到组织各部分。叶片上制造的有机物质，要以水溶液状态借体内筛管疏导系统，才能运送到消费和储藏器官里去。种子发芽，要把种子胚乳的营养物质经过水溶解后才能输送到幼芽中去，供给幼芽生长。如果作物体内缺水，就会阻碍营养物质的运输，影响甘蔗正常生长发育。

(4)水可以调节甘蔗的生活环境。

水有巨大的热容量(比空气大3 300倍),灌水之后土壤热容量随之增大。灌水后的土壤,白天温度不容易很快升高,晚间温度下降较慢。这是因为水的导热性强,白天灌水入土壤中,能把太阳的辐射热量传入土壤深处,晚间地面的热量散发时,又能把深处的热量传给地表,因而起到调节土壤温度变化的作用。另外,灌水后土壤水分增多,蒸发量增大,水在蒸发过程中极力吸收土壤水分的大量热能,使土层温度降低。我们可利用这一特性来调节田间周围环境,使之适合甘蔗生长的要求。

水由根系进入甘蔗的体内之后,又是怎样消耗的呢?水有三个去向:一是用于构造作物的本身,二是消耗于光合作用的生理过程,三是通过叶面气孔向大气散发(又叫蒸腾作用)。据试验,甘蔗从根部吸收来的水分,99%以上用来补偿蒸发,只有1%的水真正用于作物生理过程和保留在甘蔗体内。由此可见,通过甘蔗枝叶的蒸腾作用向大气散失,是作物体内水分消耗的主要途径。由于甘蔗叶面的蒸腾消耗了大量的水分,如不及时补偿,就会使其生长受到抑制,甚至导致死亡。在正常的条件下,蒸腾作用是完全必要的,而且给甘蔗带来许多有利的影响:①蒸腾是甘蔗吸收和运输水分的原动力,能保证甘蔗连续不断地吸取水分,并送到较高的部位。②蒸腾能促进甘蔗体内的水分从根部往上输送各种养料,使养料借助水分的流动,分配到体内各部。③蒸腾能降低甘蔗体内各部的温度。④蒸腾能促进甘蔗体内正常生理活动。因此,补充灌溉是满足甘蔗蒸腾作用的“加油站”。

6. 为什么说甘蔗是我国最主要的糖料作物?

甘蔗是我国最主要的糖料作物,其种植面积占我国常年糖料作物种植面积的85%以上,产糖量占食糖总产量的90%以上。甘蔗产业是我国南方主产区域经济发展的重要支柱和农民增收的主要来源。目前我国甘蔗种植面积扩大到3 000万亩(1亩 = 1/15 hm^2),总产量11 295.1万t,蔗糖产量1 361.91万t,蔗糖产量仅次于巴西和印度,占世界食糖总产量的8%,成为世界第三产糖大国。

7. 国外糖料蔗节水灌溉发展情况怎样?

目前,全世界有107个国家和地区种植糖料蔗,种植面积大约30 000万亩,年产糖1.20亿t,占糖业总产量的78%。其中种植面积最大的国家是巴西,种植面积7 300多万亩,约占世界总种植面积的25%;其次是印度,种植面积6 000多万亩,约占世界总种植面积的20%;中国位居第三,种植面积3 000多万亩,约占世界总种植面积的7%;种植面积较大的国家还有美国、古巴、泰国、墨西哥、澳大利亚、印尼、南非等。

以色列是一个水资源匮乏和耕地干旱贫瘠的国家,在极其不利的自然条件下,将本国干旱制约依存型的原始农业发展成为当今世界上独具特色的高质、高效现代农业,在滴灌和微灌灌溉技术方面处于世界领先水平。以色列的灌溉遵循利用一切可利用的水资源及污水净化重复利用的原则,通过建立国家水资源管理机构,集规划、建设、管理、服务于一身,从水资源的科研、开发、处理、利用到水质的控制、保护,贯穿于水资源生产、使用的全过程,集城建、水利、气象、科研等行业于一体,创建了整套高科技的节水灌溉系统,从水源到供水基本上是全程管道输水,再通过喷(雾)灌、滴灌(也是管道)送到田间,消除了输水过程中的渗漏和蒸发损失,现已基本实现滴灌化,而且全部通过计算机来控制。

美国是当今最发达的现代化国家,东湿西旱是其水源分布的一大特征。美国农业灌溉的主要特点为:宏观管理上有序可控;微观具体灌溉管理上实现不同程度的自动化;以灌溉排水为主,综合治理盐碱化;为排水再利用建造蒸发池。美国政府制定并实施严格的用水政策,推广节水的喷灌、滴灌技术,重视采用先进的灌溉技术和管理手段发展农业。

8. 我国糖料蔗节水灌溉发展现状怎样?

我国是重要的食糖生产国和消费国,糖料蔗种植在我国农业经济中占有重要地位。我国的蔗糖产区主要分布在广东、台湾、广西、福建、四川、云南、江西、贵州、湖南、浙江、湖北、海南等南方地区。从20世纪30年代起,广东及沿海蔗糖业逐步发展;到了40年代以后广东取代四川发展为中国新的产糖区,成为中国的食糖中心;80年代中期我国实行改革开放以后,整个蔗糖产业结构大规模调整,中国的蔗糖产区迅速向广西、云南等西部地区转移;目前广西已成为全国最大的蔗糖基地,糖料蔗种植面积已达到1 600万亩以上,占全区总耕地面积的1/4,其糖料蔗种植面积、糖料蔗生产量、机制蔗糖生产量均占全国总量的60%以上。

9. 广西为什么要发展糖料蔗灌溉?

广西现有50%的县(市、区)种植糖料蔗,糖料蔗主要分布在桂中、桂西南石灰岩旱坡地区,每年的种植面积达1 600万亩以上。广西年均降水量在1 000~1 400 mm,但降水时空分布极不均匀,70%~80%的年降水量集中在5~8月,9~12月是干旱季节,常出现季节性旱情。干旱对糖料蔗含糖量和产量造成巨大的影响。同时受地形条件制约,90%的糖料蔗种植于旱坡耕地上,种植区水利灌溉设施极少,仍处于"靠天吃饭"的局面,抗灾能力极低,产量波动大。目前全区蔗区中具有水利灌溉设施的仅有98.50万亩,灌溉率仅为6%。当出现旱情时,如能及时进行合理灌溉,则能起到显著的增产效果。糖料蔗灌溉比不灌溉增产10%~30%。因此,破解糖料蔗生产中的旱季灌溉问题,已成为广西蔗糖业可持续发展的关键。

10. 广西在糖料蔗种植生产方面有哪些扶持政策?

自治区财政厅、自治区国土资源厅联合印发了《广西壮族自治区优质高产高糖糖料蔗基地土地整治以奖代补专项资金管理暂行办法》,以奖代补标准主要包括7条:

(1)对尚未实施土地整治项目的糖料蔗基地,由建设主体按土地整治工程建设标准和要求,开展土地平整、蔗区排水和田间道路等工程建设,工程建设完成并通过验收后给予不超过 1 500 元/亩的资金奖补。

(2)对选择已实施土地整治项目的糖料蔗基地,由建设主体根据农业机械化需要,开展以归并地块、降低地面坡度和清除出露石芽为主的土地平整工程,工程建设完成并通过验收后给予不超过 400 元/亩的资金奖补。

(3)土地平整工程奖补标准。地面原坡度在 10°以内,在土地平整区内拆除原有田埂,修筑规整的耕作地块的,按 300 元/亩的标准给予奖补;地面原坡度在 10°～15°,开展表土收集、表土恢复和土方挖填工程进行降坡的,按 400 元/亩的标准给予奖补。

(4)蔗区排水工程奖补标准。排水沟要求采用浆砌砖或现浇混凝土结构,新建硬化排水沟净宽≤50 cm 的,按 60 元/m 奖补;50 cm<净宽≤80 cm 的,按 70 元/m 奖补;净宽>80 cm 的,按 80 元/m 奖补。

(5)田间道路工程奖补标准。新建泥结石道路路面厚度不小于 15 cm,素土路肩的路面宽 4 m 以下的,按 60 元/m 奖补;路面宽 4 m 以上的,按 80 元/m 奖补。新建水泥路路面宽 3 m 以上的,按 200 元/m 奖补。

(6)技术费用奖补标准。技术费用按 70 元/亩计取并实行单列,主要用于工程竣工图测量绘制、工程复核和耕地质量等级的评定工作。

(7)实际奖补金额按建设内容和相应的奖补标准计算,且不超过规定的最高亩均奖补标准。针对甘蔗机械化作业程度不高的现状,广西从 2013 年开展了“甘蔗生产全程机械化示范区”建设工作,提出建设 500 万亩优质高产高糖糖料蔗基地的目标;2014 年试点建设 50 万亩。为提高机械化水平,广西通过“以奖代补”等政策激励,鼓励农民开展耕地整治。自治区政府出资对“甘蔗生产全程机械化示范区”的县(市、区)机收作业进行补贴,其中整杆式收获每亩补贴150元,切段式收获每亩补贴30元。

11. 广西在发展糖料蔗生产方面有哪些补贴政策?

报自治区物价局备案,执行全区统一的普通糖料蔗收购首付价政策。各市可根据市情,在基价基础上上下浮动10元/t,自主确定普通糖料蔗收购首付价。实施糖料蔗优良品种加价政策,以加大优良品种推广力度。对经审定的优良品种实行加价,加价水平为30元/t。糖料蔗劣质淘汰品种及其减价幅度,由各市确定;各地新列入的糖料蔗普通品种、淘汰品种,需提前一个榨季向农民公布。毗邻各市应在糖料蔗优良品种和劣质淘汰品种选择上相互协商。

12. 广西糖料蔗基地建设的重点及发展目标是什么?

广西壮族自治区人民政府于2013年7月9日出台了《关于促进我区糖业可持续发展的意见》,提出建设500万亩优质高产高糖糖料蔗基地的总体目标。建设重点是解决广西糖料蔗生产单产低、人工成本高、机械化率低、品种繁育慢等问题;核心是建设“四化”配套工程,即建设经营规模化、种植良种化、全程机械化、水利现代化的糖料蔗基地。发展目标是:糖料蔗单产达到8 t/亩以上,糖分含量达到14%以上,到2017年,将实现“双高”目标。力争经过5~8年努力,广西糖业综合竞争力和综合利用水平得到大幅度的提高。崇左、来宾、南宁、柳州四大主产区糖业循环经济基本形成,建成全国最大的食糖网上交易平台,建立食糖储备机制,使广西糖业保障国家食糖供给的作用更加显著。

二、糖料蔗的生长发育对外界环境条件的要求

13.糖料蔗根、茎、叶的形态怎么样?

(1)根的形态。

糖料蔗的根属须根系。从种茎根点长出来的根叫种根(或称临时根),种根比较纤细,根毛少,分枝较多,寿命较短,入土能力和吸收水肥能力较弱,在种苗种植后至苗根形成前,幼苗生长所需要的水分和养分要靠种根供应。从幼苗基部节上的根点长出的根叫株根(又叫苗根或永久根),株根比种根粗壮,根毛多,根冠发达,色白,富肉质,分枝较少,长势旺盛,入土能力较强,寿命较长。在一般工作条件下,糖料蔗根系分布在土壤表层20~30 cm深处,纵横伸长。

(2)茎和芽的形态。

茎是支持蔗叶生长,输送水分、养分,储藏糖分和繁殖的器官。蔗茎由若干节和节间组成,蔗节自叶痕起,上至生长带止。节间指下至生长带、上至叶痕止的蔗茎部分。节间的形状大致可分为圆筒形、细腰形、圆锥形、腰鼓形、倒锥形、弯曲形等六种,茎形是鉴别品种的重要特征之一。

蔗芽是糖料蔗的主要繁殖器官,其形状大致分为三角形、椭圆形、卵形、倒卵形、五角形、菱形、圆形等。芽形也是鉴别品种的主要特征之一。芽沟位于芽的正上方,呈凹陷状的纵沟向上延伸。芽沟深而长,显示野生性强,芽沟发达,萌发力强,萌芽多而快。相反,无芽沟或芽沟不明显,则为栽培性强的品种。一般野生性强的蔗芽萌发力较强。

(3)叶的形态。

糖料蔗每节着生一叶，两叶互生，每一片叶分为两大部分，即叶片和叶鞘。它包括叶中脉、肥厚带、叶舌、内叶耳、外叶耳、鞘基等部分。各部分的形状、大小、有无，可作为识别不同品种的重要依据。叶鞘有保护幼嫩蔗节和蔗芽，支托叶片，储藏、运输养分和水分等作用。

14. 宿根蔗有哪些特点？

宿根蔗的萌发和生长与新植蔗有明显的区别。它除受各种环境因素的影响外，还受上年甘蔗生长的影响。宿根蔗具有老根和新根两种根系，在甘蔗生产前期，与同期的新植蔗相比较，其吸水、吸肥、耐旱力比较强，7 月份以前的生长速度比较快。宿根蔗中后期的生长速度一般比新植蔗慢。

15. 糖料蔗生育期如何划分？

糖料蔗可以分为萌芽期、苗期、分蘖期、伸长期和成熟期 5 个时期。

(1) 萌芽期。自糖料蔗下种至蔗芽萌发出土的芽数占总芽数的 80% 以上时，称为萌芽期。生产上要求萌芽迅速、整齐，萌芽率高。

(2) 苗期。糖料蔗蔗芽萌发出土后，从有 10% 的蔗苗长出 1 片真叶起，至有 50% 以上的蔗苗长出 5 片真叶，称为苗期。生产上要求苗全、苗齐、苗匀、苗壮。

(3) 分蘖期。糖料蔗自有分蘖的蔗苗占 10% 到全部开始拔节前，称为分蘖期。生产上要求分蘖早生快发，抑制迟生的无效分蘖，提高分蘖的成茎率，以增加单位面积的有效茎数。

(4) 伸长期。蔗株自开始拔节至伸长基本停止，属伸长期。伸长期糖料蔗茎节数增加，节间伸长，叶片和根系快速生长。

(5) 成熟期。糖料蔗成熟分为工艺成熟和生理成熟。工艺成熟是指蔗茎中糖分的积累达到最高水平；生理成熟是指开花结实。糖料蔗制糖需要工艺成熟，杂交育种亲本需要生理成熟。

16. 糖料蔗苗期如何做到全苗、壮苗?

(1)加强水分管理。影响萌发成苗的首要因素是土壤水分。旱地蔗区要及时进行抗旱保苗;水田地、水浇地在遇连续阴雨条件下,要注意搞好田间排水。

(2)及时施用苗肥。糖料蔗幼苗长出3~4片真叶时施用苗肥,可以促进幼苗的生长,提早分蘖,每亩用三元复合肥10~15 kg。建议采用滴灌与淋灌方式。

(3)查苗补缺。一般大田蔗苗3~5片叶时进行补苗为好,在断垄地段挖穴或开槽补植,植后浇足定根水,剪去部分叶片。

(4)中耕松土。改善土壤通气状况,提高土壤湿度,有效铲除幼草。此外,雨后中耕,可切断土壤毛细管,有效减少地面水分的蒸发,增强土壤的保水、抗旱能力。

17. 如何根据农艺措施调控糖料蔗有效分蘖数?

糖料蔗齐苗后,主茎苗生长加快,同时分蘖点陆续出现。此时,分蘖苗与主茎苗之间反抑制和抑制作用矛盾激烈,主茎苗因基础较好,会抑制分蘖苗的发生,而分蘖苗因此时的蔗田尚未封行,光照充足,有利于对抗主茎苗的抑制。因此,在栽培上要及时供给水肥,建议根据气象条件,在连续7~10 d无降雨时灌水一次,并结合施肥,促进早分蘖,提高有效分蘖数,以弥补糖料蔗基本苗量不足,保证有足够的苗量群体。有些糖料蔗品种分蘖率高,蔗田如果分蘖苗较多,可采取培土措施来压埋分蘖苗。

18. 糖料蔗伸长期要注意什么问题?

糖料蔗伸长期是形成糖料蔗产量的关键时间。糖料蔗进入伸长期后,根系发达,吸水、吸肥能力大大提高,对光、热、水、肥的需求量达到高峰,此时,施肥、培土、病虫防治等农艺措施要及时跟上,以最大限度地满足糖料蔗迅速生长的需要。

(1)要根据伸长期的生长量大、需肥量大的特点,重施攻茎肥,并进行大培土,此时,氮肥的施用量要占全生长期施用量的50%～60%。

(2)做好杂草防治。大培土后,每亩使用40%莠去津200～250 mL、阿灭净100～130 g等土壤封闭型除草剂,均匀喷施蔗沟,防治杂草。

(3)要切实做好棉蚜、粉蚧和褐条病、黄斑病、眼斑病等防治工作。

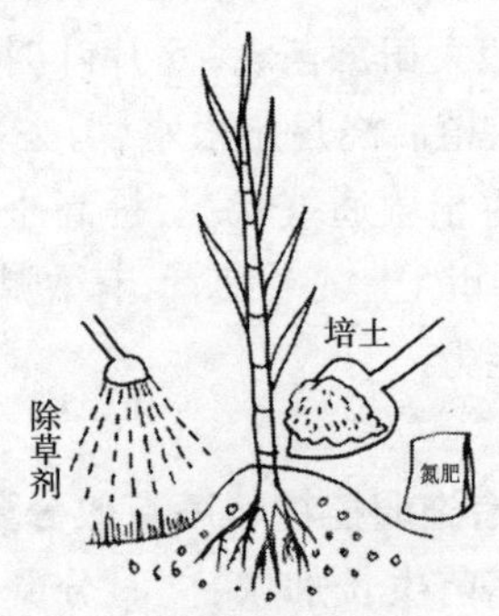

19. 糖料蔗成熟期栽培上要注意哪些问题?

糖料蔗一般在10月后陆续进入成熟期,此时,日照强、空气干燥、昼夜温差大的气候环境利于蔗糖分积累,所以成熟期的田间管理应注意控制一定的田间土壤湿度,保持田间“润”的状态,此时灌溉以每月1次“跑马水”为宜,浅水过沟,不宜久泡。收获前一个月不宜灌水,应保持田间“燥”的状态,促进糖料蔗成熟。

20. 影响糖料蔗开花的主要因素有哪些?

糖料蔗在亚热带难以开花或很少开花,但在特定条件下糖料蔗会开花,主要是受内外部因素的影响。

(1)株龄。植株处于光诱导期才能接受诱导而开花。

(2)光周期。糖料蔗需要12～12.5 h光照才能花芽分化,位于南纬 10°至北纬 20°的地区，光照期长达 38 ~ 49 d，完全可以满足糖料蔗花芽分化的需要。

(3)温湿度。糖料蔗年度间开花的差异主要由于温湿度影响，最适夜温、日温分别为 23 ℃和 28 ℃，低于 18 ℃和高于 31 ℃对花芽分化和花粉发育不利。

(4)养分。氮肥抑制开花，钾肥促进开花。海南三亚市崖城和云南瑞丽市糖料蔗普遍开花，已成为我国糖料蔗海洋型和内陆型杂交育种基地。

21. 不同熟期品种如何合理搭配?

在我国华南蔗区，早熟品种 11 月进入工艺成熟期，11 月底进入高峰期，12 月下旬糖分开始下降；中熟品种恰好 12 月下旬进入成熟期，次年 1 月达到高峰期，2 月底糖分下降；晚熟品种 3 月中下旬进入成熟期，4 月中下旬达到高峰期，之后由于气温上升，降雨增多，甘蔗恢复茎叶生长，甘蔗糖分开始下降。如若把这三类品种因地制宜搭配种植，调节甘蔗加工期，使蔗糖糖分分期达到高峰期，就能达到“高糖高榨”、提高效益的目的。

22. 秋植甘蔗、冬植甘蔗和春植甘蔗栽培措施的侧重点有何不同?

秋植甘蔗是指立秋至立冬前下种到次年收获的一种栽培制度，生长期长达 12 ~ 13 个月，经历第 1 年 8 ~ 10 月和次年 6 ~ 10 月两个高温多湿季节，所以秋植甘蔗萌芽好，分蘖好，行距可适当大些，水田以 100 ~ 120 cm 为宜，旱地以 90 ~ 100 cm 为宜，下种量可比春植甘蔗少 20% 左右。秋植甘蔗必须做好冬前管理，施足基肥后，可在冬前结合浅培土施一次“保暖过冬肥”，适当灌水，湿润土壤，增强抗寒能力。

冬植甘蔗是指立冬至次年立春前这段时间下种的甘蔗，下种期处在气温低的季节，关键是抓好下种后的萌芽出土成苗。栽培上要采取相应的保湿增温措施，进行地膜覆盖，地膜要求紧贴土面，两边

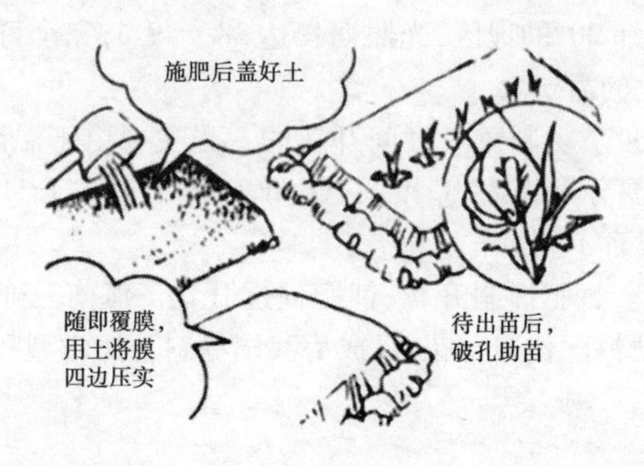

压实，不通风透气，并保证透光面在 20 cm 以上。

春植甘蔗是指立春至清明前下种的甘蔗，是全国广大蔗区最主要的栽培制度。2～4 月下种时，气温已逐步回升，土壤水分是制约萌发成苗的首要因素，选择适时下种期主要考虑土壤水分。有灌溉条件的水浇地或水田地，春植甘蔗越早越好。

23. 对优良糖料蔗蔗种有什么要求？

生产上使用蔗茎来做种。用来做种的蔗茎要选择在生长良好、健康的蔗园。蔗种要求不混杂，无病虫害，蔗茎均匀，蔗芽饱满，不空心、蒲心。蔗茎做种时要砍成 2～3 芽一段，砍种时，下部节间留 2/3 为宜，砍种用的刀具要锋利，蔗种要尽量砍成平面，不要砍成斜面。蔗种的长短依节间而定，每段 2～3 芽，梢头苗节间较密，以 4～5 芽为宜。

24. 如何促进宿根蔗的高产稳产？

一是选择高产高糖、宿根性好的甘蔗良种。二是搞好上年新植，培育健壮蔗蔸。深耕改土，增施有机肥，合理密植，提高新植甘蔗的有效茎数，加强田间管理。三是适时收获，提高收获质量。不同的收获期对宿根的发株和产量有相当大的影响。根据广西的气候条件和多年的实践，留宿根的甘蔗一般在大寒过后收获较好，尤以2月上旬至3月中旬收获最为适宜。由于此时气温已开始回升，雨水也逐渐增加，对宿根的萌发很有利，因而是比较好的收获时期。四是做好“四早”措施，即早破垄松蔸，早施肥，早查苗补缺，早管理、早防虫等措施。

25. 糖料蔗种植对气候条件有什么要求？

糖料蔗种植要求10 ℃年积温在6 000 ℃以上，无霜期330 d以上，出现-2 ℃频率低，年降水量800 mm以上，日照时数1 600 h以上。

糖料蔗不同生育期需要不同的温度，13 ℃可萌发，20~25 ℃发芽正常，发芽最适温度为30~32 ℃；12~13 ℃糖料蔗可缓慢生长，20~25 ℃生长逐渐加快，30 ℃为最适生长温度，超过34 ℃生长减缓；低于0 ℃，糖料蔗会受害。

糖料蔗成熟期间，如果前期、中期温度较高（在20 ℃以上），后期温度逐渐下降（在13~18 ℃），糖料蔗早熟且糖分积累好；若前期热量不足，后期降温快，则糖料蔗产量低，糖分含量也不高；如果成熟期温度降至0 ℃左右，糖分会转化并下降。

26. 糖料蔗对土壤条件有什么要求？

一是要土层深厚、疏松，有良好的团粒结构和通气性能。二是土壤肥力较高，中性无毒，酸碱度（pH）以6.1~7.7为宜，土壤有机质每亩不少于2.5%，全氮含量为0.15%以上，速效氮为90~120 mg/kg，有效磷为每亩6 kg，有效钾为每亩17.5 kg以上。糖料蔗大部分根系集中在表土深15~40 cm，改善这部分土壤的理化性状，可增加对糖料蔗生长所需的水、肥供应能力。

27. 甘蔗营养失衡的特征表现如何?

(1)甘蔗缺氮:老叶变为淡绿色,叶色均匀,后由绿转黄。

(2)蔗主茎严重缺磷:无次生茎和腋芽。

(3)甘蔗缺钾:老叶橙黄色,叶缘焦枯。新叶暗绿,好像都从某一点生出,在顶部成丛。

(4)甘蔗缺铁:蔗叶出现失绿发白现象,引发“黄化病”。

(5)甘蔗缺镁:叶片有红色坏死斑点,坏死组织下延至叶鞘。

(6)甘蔗缺锌:从新叶基部开始叶片条状失绿。

28. 如何根据自然生态条件划分我国甘蔗产区?

根据自然生态条件,我国蔗区可划分为华南蔗区、华中蔗区和西南蔗区。其中华南蔗区占全国蔗区面积的90%以上,包括1 100 m以下地区,年降水量1 000～3 000 mm,年均气温21～25 ℃,全年均可种植甘蔗。华中蔗区占全国的5%,位于北纬24°～33°,海拔500～1 000 m,年降水量1 000～1 500 mm,无霜期长。西南蔗区位于北纬23°～29°,包括云南金沙江及支流地区、贵州西部高原及西南地区、四川西部高原的南部,本区为高原蔗区,地形复杂,大部分蔗区分布在海拔1 200～1 800 m,年降水量在1 000 mm以下,属亚热带或温带季风高原气候。

29. 广西主要糖料蔗产区如何划分?

根据广西主要蔗区的地理、气候情况,把广西糖料蔗产区划分为四个分区。具体分区见下表。

广西糖料蔗产区划分表

分区	所属市	所辖县(市、区)级行政区
Ⅰ区	百色市	右江区、田阳县、田东县、平果县、德保县、靖西县、那坡县、凌云县、乐业县、田林县、西林县、隆林县
	河池市	金城江区、南丹县、天峨县、凤山县、东兰县、罗城县、环江县、巴马县、都安县、大化县、宜州市
Ⅱ区	南宁市	兴宁区、青秀区、江南区、西乡塘区、良庆区、邕宁区、武鸣县、隆安县、马山县、上林县、宾阳县、横县
	贵港市	港北区、港南区、覃塘区、平南县、桂平市
	来宾市	兴宾区、忻城县、象州县、武宣县、金秀县、合山市
	崇左市	江州区、扶绥县、宁明县、龙州县、大新县、天等县、凭祥市
Ⅲ区	北海市	海城区、银海区、铁山港区、合浦县
	防城港市	港口区、防城区、上思县、东兴市
	钦州市	钦南区、钦北区、灵山县、浦北县
Ⅳ区	柳州市	城中区、鱼峰区、柳南区、柳北区、柳城县、鹿寨县、融安县、融水县
	桂林市	永福县

三、糖料蔗高效节水灌溉技术

30. 糖料蔗需水量指什么?

糖料蔗需水量是指在适宜的土壤水分和肥力水平条件下,使糖料蔗正常生长,并获得高产时蔗体的蒸腾量与棵间蒸发量之和(简称腾发量),以水层深度(mm)或单位面积上的水量(m^3/hm^2)表示。根据广西种植区各年试验资料,糖料蔗生长期大体为280~402 d,平均为328 d;由于生长期差异,其总需水量的变化也较大,大体为845.6~1 611.9 mm,平均为1 119.1 mm。据全区多年的试验资料综合统计结果,不同产量水平的糖料蔗需水量如下:产量在120 t/hm^2以下,其需水量为845.6~1 293.0 mm,平均为1 056.6 mm,生产1 t蔗约消耗水量100.3 t;产量在120~150 t/hm^2,其需水量为899.3~1 611.9 mm,平均为1 226.9 mm,生产1 t蔗约消耗水量92.9 t;产量超过150 t/hm^2,其需水量为1 163.3~1 608.3 mm,平均为1 414.9 mm,生产1 t蔗只消耗水量75.6 t。可见,糖料蔗的产量越低,生产每吨蔗所消耗的水量就越多,水分的利用率就越低,用水越不经济。因此,采取各种农业技术措施提高单产,有利于降低单位产量的耗水量,从而提高水分的利用率。

31. 糖料蔗需水量与产量有什么关系?

根据多年来糖料蔗灌溉试验资料,糖料蔗的需水量与产量之间有显著的相关关系。尽管影响产量的因素是复杂的,但是在品种和其他环境条件基本一致的情况下,在一定的范围内,糖料蔗的需水量随产量的提高呈上升趋势。试验研究表明,只要将土壤水分控制在适宜的范围内,糖料蔗的需水量与产量之间呈线性或近似线性关系。

32. 糖料蔗需水规律包括哪些方面?

糖料蔗需水包括生理需水和生态需水两部分。生理需水是指蒸腾作用、光合作用等各项生理活动所需要的水分;生态需水则是指为糖料蔗创造良好的生长环境所需要的水分。其需水规律大体是"两头少,中间多",萌芽期、苗期和成熟期需水较少,分蘖期需水较多,伸长期需水最多。

33. 甘蔗的阶段需水量及其变化规律如何?

甘蔗的生长发育阶段分为萌芽期、苗期、分蘖期、伸长期和成熟期。阶段需水量的多少是考虑灌水时期与灌水量分配的依据,它不仅表明甘蔗各生育期的需水特征和要求,也反映出不同生育阶段对水分的敏感程度和灌溉的重要性。根据广西多地多年的试验资料统计结果,春植甘蔗的需水规律呈单峰曲线变化,伸长期是需水高峰期。各不同生育阶段需水量:萌芽期为40.6~60.2 mm,平均为50.4 mm;苗期为85.5~180.2 mm,平均为132.8 mm;分蘖期为124.3~351.7 mm,平均为238.7 mm,伸长期为391.4~694.1 mm,平均为579.4 mm;成熟期为45.8~254.4 mm,平均为134.2 mm。

34. 甘蔗阶段需水模系数是多少?

各不同生育阶段的需水量占全期需水量的百分比,称为需水模系数,它反映了需水量在各个不同生育阶段的分配状况。根据广西多地多年的试验资料综合统计结果,春植甘蔗各生育阶段的平均需水模系数,按由大到小的顺序依次为伸长期、分蘖期、苗期、萌芽期、成熟期。萌芽期和苗期平均77 d,需水模系数为14.9%;分蘖期平均57 d,需水模系数为21.3%;伸长期平均132 d,需水模系数为51.8%;成熟期平均62 d,需水模系数为12.0%。

35. 什么是糖料蔗灌溉制度?如何确定经济的灌溉制度?

糖料蔗灌溉制度是指在一定的气候、土壤和农业技术等条件下,为获得稳定的糖料蔗产量和品质而制定的灌溉定额、灌水量、灌水次数和灌水时间。它是糖料蔗区水利工程规划设计、用水管理的主要依据。

在确定糖料蔗经济的灌溉制度时，需要收集、整理、分析有关基本资料，主要有气象、水文地质、土壤种类及土壤理化性质、糖料蔗允许的土壤含水量变化范围、有效降雨量及地下水补给量等资料。

36. 如何确定糖料蔗的灌水计划湿润层深度？

计划湿润层深度是糖料蔗根系主要消耗水分的有效水层深度，它是计算灌溉用水量的重要参数，随糖料蔗根系的生长、土壤耕作层深度及农业技术措施的变动而变动。糖料蔗根系密集层的深度是确定土壤计划湿润层的主要条件之一。据试验资料，在根系密集层内，土壤水分消耗约占土层总消耗量的80%，根系密集层以下约占20%。这说明土壤水分消耗主要是在根系密集层内进行的。但在确定计划湿润层深度时，还应考虑糖料蔗的需水情况、土壤性质和土壤微生物活动情况。一般计划湿润层深度略大于糖料蔗根系密集层深度。在糖料蔗生长初期（指糖料蔗种植当年），根系虽然很浅，但还是需要在一定土层深度内有适当的含水量，一般土层深度为20～30 cm。随着糖料蔗的生长和根系的发育，需水量的增多，计划湿润层深度也应逐渐增加，到伸长后期，由于根系停止发育，需水量减小，计划湿润层深度一般为30～40 cm。糖料蔗不同生育期的计划湿润层深度具体见下表。宿根蔗的计划湿润层深度应大于新植蔗，黏性土蔗田取值可适当加大。

糖料蔗不同生育期计划湿润层深度表

糖料蔗生育期	萌芽期	苗期	分蘖期	伸长期	成熟期
计划湿润层深度（cm）	20～25	20～25	30～35	35～40	25～30

37. 不同生育期的适宜土壤湿度是多少？

甘蔗是旱作物，需要有一个良好的土壤水分环境，水分不足或过多都会影响其正常生长和产量的提高。甘蔗的需水规律是“两头少,中间多”,在各个不同的生长发育阶段对水分的需求是不同的,因此所要求的适宜土壤湿度也各异。试验研究和生产实践表明,在甘蔗的整个生长过程中,土壤水分应保持“润、湿、干”,即苗期、分蘖期,土壤要“润”;伸长期生长旺盛,需水最多,土壤要“湿”;达到成熟期,土壤要“干”。根据甘蔗的需水特性,维持适宜的土壤湿度,就能促进其健壮地生长,并获得高产。

38. 如何确定糖料蔗苗期的灌水定额?

糖料蔗收割后留下的根茎越冬时需要保护,当条件(主要是气温和土壤湿度)适宜时,植株基部或地下根茎萌发再生新苗,进行第二年生长发育,此时称为苗期;苗期土壤含水率一般宜为60% ~70%。

灌溉应有利于糖料蔗根系与分蘖芽生长和土壤微生物活动。对未进行冬灌或冬灌时间较早的蔗田,由于冬季失墒较多,土壤含水率在60%以下,或糖料蔗群体矮小,糖料蔗的生长发育就会受到水分不足的制约,应及时灌溉。

根据广西灌溉试验中心站的试验资料,苗期适宜土壤含水率随糖料蔗品种不同而不同,一般低于50%就应及时灌水。苗期的灌水定额具体见下表。

苗期的灌水定额参考表

灌溉方式	水文年	灌溉次数	灌溉定额(m^3/亩)	灌水定额(m^3/亩)
滴灌	湿润年	2	10	5
	中等年	3	15	5
	干旱年	4	20	5
微喷	湿润年	2	22	11
	中等年	3	33	11
	干旱年	4	44	11

续表

灌溉方式	水文年	灌溉次数	灌溉定额（m^3/亩）	灌水定额（m^3/亩）
喷灌	湿润年	2	26	13
	中等年	3	39	13
	干旱年	4	52	13
淋灌	湿润年	2	14	7
	中等年	3	21	7
	干旱年	4	28	7
沟灌	湿润年	2	48	24
	中等年	3	72	24
	干旱年	4	96	24

39. 如何确定糖料蔗分蘖期的灌水定额?

糖料蔗在经过苗期阶段后,便从主茎基部或茎身产生新的侧芽,产生侧芽的时期称为分蘖期。糖料蔗在分蘖期,环境条件的好坏直接影响分蘖率。因此,在分蘖期要求土壤有足够的水分。分蘖期的灌水定额具体见下表。

分蘖期的灌水定额参考表

灌溉方式	水文年	灌溉次数	灌溉定额（m^3/亩）	灌水定额（m^3/亩）
滴灌	湿润年	1	7	7
	中等年	1	7	7
	干旱年	2	14	7

续表

灌溉方式	水文年	灌溉次数	灌溉定额（m^3/亩）	灌水定额（m^3/亩）
微喷	湿润年	1	16	16
	中等年	1	16	16
	干旱年	2	32	16
喷灌	湿润年	1	18	18
	中等年	1	18	18
	干旱年	2	36	18
淋灌	湿润年	1	12	12
	中等年	1	12	12
	干旱年	2	24	12
沟灌	湿润年	1	33	33
	中等年	1	33	33
	干旱年	2	66	33

40. 如何确定糖料蔗伸长期的灌水定额？

糖料蔗伸长期，是糖料蔗营养生长和生殖生长最旺盛的时期，植株群体迅速扩大，对外界环境条件反应非常敏感。该阶段水分和养分的消耗都较多，是糖料蔗需水的高峰期，平均需水强度为 3～6 m^3/(亩·d)。因此，在伸长期灌好水，对糖料蔗生产很关键。伸长期的灌水定额具体见下表。

伸长期的灌水定额参考表

灌溉方式	水文年	灌溉次数	灌溉定额（m^3/亩）	灌水定额（m^3/亩）
滴灌	湿润年	2	16	8
	中等年	3	24	8
	干旱年	5	40	8
微喷	湿润年	2	38	19
	中等年	3	57	19
	干旱年	5	95	19
喷灌	湿润年	2	40	20
	中等年	3	60	20
	干旱年	5	100	20
淋灌	湿润年	2	28	14
	中等年	3	42	14
	干旱年	5	70	14
沟灌	湿润年	2	76	38
	中等年	3	114	38
	干旱年	5	190	38

41. 如何确定糖料蔗成熟期的灌水定额？

糖料蔗的成熟期，即多数糖料蔗处于成熟和茎叶衰老阶段。该阶段糖料蔗的营养积累趋于停止，转入营养运移、储存时期。此期的灌水量不能太大，在砍收前20天应停止灌水。成熟期的灌水定额具体见下表。

成熟期的灌水定额参考表

灌溉方式	水文年	灌溉次数	灌溉定额（m^3/亩）	灌水定额（m^3/亩）
滴灌	湿润年	1	6	6
	中等年	2	12	6
	干旱年	2	12	6
微喷	湿润年	1	14	14
	中等年	2	28	14
	干旱年	2	28	14
喷灌	湿润年	1	15	15
	中等年	2	30	15
	干旱年	2	30	15
淋灌	湿润年	1	10	10
	中等年	2	20	10
	干旱年	2	20	10
沟灌	湿润年	1	28	28
	中等年	2	56	28
	干旱年	2	56	28

42. 如何确定糖料蔗关键灌水期及灌水定额？

糖料蔗在整个生育期中，有两个关键灌水期，即需水临界期和最大效率期。若萌芽期和伸长期水量不够，会造成节间短小，影响产量。

需水临界期是指当水分显著缺乏或过多时，对糖料蔗的生长发育影响最大的时期。糖料蔗的需水临界期通常是在生长初期。糖料蔗生长初期虽然需水不多，但此时对水很敏感，水量不够会直接影响出苗率,造成苗数不够而导致减产。因此,在需水临界期灌溉适量的水,其增产效果是极其显著的。

最大效率期是指在糖料蔗生育期中灌溉适量的水后,产生最大效果的时期,即单位水量的增产量最大。伸长期是需要水分最多的时期。在这个时期及时满足糖料蔗对水分的需要,增产效益非常显著。

糖料蔗的关键灌水期,需要通过试验来确定。生产中,当灌溉水源比较紧缺时,应首先满足糖料蔗关键灌水期的需水,这是提高灌溉水效益、获得较高产量的关键。具体见下表。

关键灌水期的灌水定额参考表

水文年	灌溉时期	湿润层深度 z(cm)	湿润比 p(%)	适宜土壤含水量上限 θ_1(%)	适宜土壤含水量下限 θ_2(%)	灌溉周期 T(d)	灌溉次数	最大净灌水定额(m^3/亩)
中等年 ($P=50\%$)	萌芽期	25	35	85	65	4	2	5
	伸长期	40	35	85	65	7	3	8

43. 如何确定糖料蔗冬灌灌溉制度?

在我国南方干旱地区,冬灌是抗寒、保墒,并使糖料蔗安全越冬的一项重要农技措施。无论是新植蔗还是宿根蔗,砍收以后适当地进行灌溉,对提高发芽率均有很大作用。尤其是推广糖料蔗生产全程机械化后,机械砍收碾压蔗蔸对糖料蔗的宿根性影响很大,出苗率和分蘖率下降明显,严重阻碍了机械化推广。据广西灌溉试验中心站资料,冬灌能提高糖料蔗出苗率 20% ~30%,提早出苗 10 ~15 d。

冬灌的最好时间是在夜冻昼消之时。在广西多数地区一般为 11 月至次年 2 月,此时,日平均气温在 6 ~20 ℃。若温度太低,反而会引起冻害。冬灌也不宜过早,过早会使蔗田土壤水分大量蒸发,起不到作用。不同地区水文气象条件不同,入冬时间不一,应根据具体情况进行蔗田冬灌。当 5 ~20 cm 土层中土壤含水率小于 70% 时应进行冬灌。蔗田冬灌水量应根据土壤含水情况确定，一般为10～20 m³/亩。

44. 如何确定糖料蔗春灌灌溉制度?

我国南方地区经常受到春旱的威胁，“春雨贵如油”，即说明春天雨水稀少而可贵。在没有进行冬灌，或虽经过冬灌但冬春雨水较少，土壤墒情满足不了宿根蔗发芽、出苗所需水分的情况下，为了使糖料蔗能够达到苗全、苗壮，需进行春灌。据广西灌溉试验中心站和南宁市灌溉试验站资料，春灌比没有灌溉的糖料蔗在出苗率和分蘖率上都能提高20%～30%，而且苗齐、苗壮，为糖料蔗高产打下坚实基础。

蔗田的春灌水量不宜过多（特别是黏壤土），因保墒时间长，上干下黏，或形成大泥块，不利于苗齐、苗壮。

广西冬、春灌溉制度具体见下表。

广西冬、春灌溉制度参考表

灌溉时节	水文年	灌溉时期	土壤计划湿润层深度 z(cm)	湿润比 p(%)	灌水上限 θ_1(%)	灌水下限 θ_2(%)	最大净灌溉定额(m³/亩)	轮灌周期 T(d)	灌溉次数	最大净灌水定额(m³/亩)
冬灌	湿润年(P=25%)	12月至次年3月	20	35	75	55	20	20	2	10
	中等年(P=50%)	12月至次年3月	20	35	75	55	30	20	2	15
	干旱年(P=85%)	12月至次年3月	20	35	75	55	60	20	3	20
春灌	湿润年(P=25%)	2～3月	20	35	75	55	10	20	1	10
	中等年(P=50%)	2～3月	20	35	75	55	30	20	2	15
	干旱年(P=85%)	2～3月	20	35	75	55	45	15	3	15

45. 什么是丰产型灌溉制度?

对于干旱、半干旱糖料蔗种植区,在一定的生产管理技术条件和水源状况下,按糖料蔗获取最高单产的要求,确定的灌水时间、灌水次数、灌水定额、灌溉定额,称为丰产型灌溉制度。采用这种灌溉制度,必须具备充足的灌溉水源条件,能满足既定灌溉面积上糖料蔗整个生育期内对水分的最大需求。

46. 什么是经济型灌溉制度?

经济型灌溉制度是指单位灌溉水或单位灌溉水成本取得纯收益最大时的灌溉制度。它是在除水分条件外,其他因素都相同的情况下,与糖料蔗生育期内未灌溉或最小灌溉定额处理相比,增加单位水量相应增加纯收益最高时的灌水时间、灌水次数、灌水定额、灌溉定额。采用这种灌溉制度,能充分发挥灌溉水的效益。

丰产型及经济型灌溉制度具体见下表。

丰产型及经济型灌溉制度参考表

灌溉标准	水文年	萌芽期		苗期		分蘖期		伸长期		成熟期		灌水次数合计	灌溉定额（m^3/亩）
		灌水次数	灌水定额（m^3/亩）	灌水次数	灌水定额（m^3/亩）	灌水次数	灌水定额（m^3/亩）	灌水次数	灌水定额（m^3/亩）	灌水次数	灌水定额（m^3/亩）		
丰产型	湿润年	1	5.5	1	6	1	6.5	2	8	1	5	6	39
	中等年	2	5.5	1	6	1	7	3	8	2	5	9	58
	干旱年	2	6	2	6.5	2	8	5	7	2	5	13	86
经济型	湿润年	1	8					2	9			3	26
	中等年	2	6.5					3	10			5	43
	干旱年	2	8					5	8.8			7	60

47. 什么样的种植条件适宜推广滴灌？

种植规模达“四化”标准的糖业企业、种植大户、合作社等推荐地表式滴灌；种植基地土壤疏松、灌溉水质达标、管理水平高、具备水肥一体化条件的糖业企业、种植大户推荐地埋式滴灌。灌溉制度具体见下表。

地表式、地埋式滴灌灌溉制度参考表

滴灌方式	萌芽期		苗期		分蘖期		伸长期		成熟期		合计	
	灌水次数	灌水量（m^3/亩）	灌水次数	灌水量（m^3/亩）	灌水次数	灌水量（m^3/亩）	灌水次数	灌水量（m^3/亩）	灌水次数	灌水量（m^3/亩）	灌水次数	灌溉定额（m^3/亩）
地表式滴灌	1	19.3	2	38.4	3	57.7	5	96.2	2	38.5	13	250
地埋式滴灌	2	25	2	25	4	50	6	75	2	25	16	200

48. 什么是糖料蔗间种西瓜灌溉制度？

在糖料蔗地里用地膜覆盖间种西瓜，除能避寒保温、让西瓜种植季节提前外，还可以保水、保肥，实现水、农药、化肥等资源以及田间管理的共享，减少水肥流失。西瓜叶遮在糖料蔗地上，水分不易挥发，起到保水作用。地膜覆盖的糖料蔗出苗率高，杂草少，更有利于糖料蔗的生长拔节。西瓜收获后，糖料蔗进入旺长期，西瓜的叶、藤、蔓又可作为有机肥还田，促使糖料蔗增产。采用适宜的灌溉制度，可达到瓜蔗增产增收效果。具体见下表。

不同灌溉方式下糖料蔗间种西瓜的灌溉制度参考表

灌溉方式	灌溉时期	土壤计划湿润层深度 z(cm)	湿润比 p(%)	灌水上限 θ_1(%)	灌水下限 θ_2(%)	最大净灌溉定额 (m^3/亩)	轮灌周期 T(d)	灌溉次数	最大净灌水定额 (m^3/亩)
滴灌	萌芽期	25	35	85	65	62	4	2	5
	苗期	25	35	85	65		5	1	6
	分蘖期	35	35	85	65		5	1	6
	伸长期	40	35	85	65		7	3	8
	成熟期	30	35	85	65		7	2	8
微喷灌	萌芽期	25	85	85	65	139	4	2	13
	苗期	25	85	85	65		5	1	13
	分蘖期	35	85	85	65		5	1	18
	伸长期	40	85	85	65		7	3	18
	成熟期	30	85	85	65		7	2	14
喷灌	萌芽期	25	100	85	65	156	4	2	15
	苗期	25	100	85	65		5	1	15
	分蘖期	35	100	85	65		5	1	21
	伸长期	40	100	85	65		7	3	20
	成熟期	30	100	85	65		7	2	15
低压管道输水田间沟灌	萌芽期	—	—	—	—	292	8	2	28
	苗期	—	—	—	—		10	1	28
	分蘖期	—	—	—	—		10	1	38
	伸长期	—	—	—	—		14	3	38
	成熟期	—	—	—	—		14	2	28
低压管道输水田间淋灌	萌芽期	25	40	85	65	83	4	2	8
	苗期	25	40	85	65		5	1	8
	分蘖期	35	40	85	65		5	1	10
	伸长期	40	40	85	65		7	3	11
	成熟期	30	40	85	65		7	2	8

49. 什么是水肥一体化灌溉技术？

水肥一体化灌溉技术是将灌溉与施肥融为一体，实现水肥同步控制的农业新技术。水肥一体化是借助压力系统（或地形自然落差），将可溶性固体或液体肥料按土壤养分含量和作物种类的需肥规律及特点配兑成的肥液与灌溉水一起，通过可控管道系统供水、供肥，使水肥相融后，通过管道和滴头形成滴灌，均匀、定时、定量浸润作物根系生长发育区域，使主要根系土壤始终保持疏松和适宜的含水量，同时根据不同作物的需肥特点、土壤环境和养分含量状况，不同生长期需水、需肥规律情况，进行不同生育期的需求设计，把水分和养分定时定量、按比例直接提供给作物。

水肥一体化是当前双高糖料蔗高效节水灌溉的最佳技术，它通过一整套灌溉系统将水肥有效地输入到糖料蔗根部，让糖料蔗能第一时间吸收到养分。经过广西灌溉试验中心站、南宁市灌溉试验站等单位多年的试验研究，结果证实，应用水肥一体化灌溉糖料蔗，亩产量能达 8 t 以上，蔗糖分含量能达 14% 以上。

糖料蔗优质高产高糖生产是在准确的灌溉定额基础上进行的，有准确的灌溉定额作保障，一方面能有效利用水资源，另一方面能最大限度地提高糖料蔗产量和蔗糖分。多年的试验表明，滴灌灌溉定额以 250 m^3/亩为最佳，但广西糖料蔗生产区东、南、中、西不同区域有一定差别。

50. 什么是水肥一体化施肥技术？

根据广西灌溉试验中心站长期试验成果，以“测土配方，少量多次，养分平衡”为原则，给出糖料蔗各生育期每亩施肥量。该施肥方案不包括土层施肥。具体见下表。可根据当地实际情况适当调整。

广西糖料蔗水肥一体化施肥方案参考表

灌溉方式	施肥时期	施肥次数	尿素（kg/亩）	磷酸一铵（kg/亩）	氯化钾（kg/亩）	硫酸镁（kg/亩）	微量元素（kg/亩）
微灌（滴灌、微喷灌、小管出流）	苗期	1	4	1	2	1	0.1
	分蘖期	1	10	3	10	3	0.2
	伸长期	3	16	3	16	5	0.2
	成熟期	1		1	2	1	
	全期	6	30	8	30	10	0.5
喷灌	苗期	2	4	1	4	1	0.1
	分蘖期	1	12	4	12	4	0.2
	伸长期	4	19	4	18	6	0.3
	成熟期	1		1	2	1	
	全期	8	35	10	36	12	0.6
低压管输水田间淋灌	苗期	2	4	1	4	1	0.1
	分蘖期	1	11	3	11	3	0.2
	伸长期	3	19	4	18	6	0.3
	成熟期	1		1	2	1	
	全期	7	34	9	35	11	0.6

注：微量元素是指螯合态复合水溶微量元素，包含硼、钼、铁、锰、铜、锌等。

四、节水灌溉工程建设与管理

51. 节水灌溉工程技术主要有哪些?

节水灌溉是指除土渠输水和地表漫灌外所有输水、灌水方式及技术的统称。主要有渠道防渗技术、低压管道输水技术、喷灌技术、微灌技术、地下灌溉技术、田间节水地面灌溉技术等。在广西糖料蔗区目前主要使用地表滴灌、固定管道式喷灌和软管浇灌。

52. 工程规划布置应注意哪些问题?

在综合分析水源位置、地块形状、耕作方向、田间地形、土壤特性,以及现有的道路、林带、排水和供水供电系统等因素的基础上,进行节水灌溉工程规划布置。通常需要进行至少两个工程规划布置方案的比较,以寻求更佳的方案。工程规划布置应在比例尺不小于1/5 000的地形图上完成,在地形图上绘制出灌区的边界线,标出水源工程、泵站等主要建筑物以及典型地物的位置,标出灌溉系统骨干管道的位置和走向。

53. 水源工程规划内容有哪些?

河流、塘坝、小水库、渠道、蓄水池、井、泉等各种类型的水源,均可考虑作为糖料蔗的灌溉水源。规划水源工程包括:①确定灌溉系统从水源取水的方式和取水的位置。②分析现有水源的流量、水位、水质是否符合要求,若不符合要求,分析应采取哪些工程措施。例如,流量不足时,分析需建何种类型的蓄水工程并合理确定蓄水工程的数量、容积、位置等;如果水质不符合要求,分析应选择何种水质处理方式等。

54. 什么是微灌?

微灌是指利用专门设备,将有压水流变成细小水流或水滴,湿润植物根区土壤的灌水方法。主要包括滴灌、微喷灌、涌泉灌和渗灌等灌溉形式。

55. 微灌系统如何组成?

微灌系统由水源工程、首部枢纽(包括水泵、动力机、过滤器、肥液注入装置、测量控制仪表等)、各级输配水管网和滴头等四部分组成。

56. 微灌工程的铺设安装方法是什么?

下面以滴灌和微喷灌系统为例进行介绍,其他微灌方法可以参照应用。

滴灌是利用安装在末级管道(毛管)上的滴头,或与毛管制成一体的微灌带,将压力水以滴状湿润土壤,在灌水器流量较大时,形成连续细小水流湿润土壤。通常将毛管和灌水器放在地面,也可以把毛管和灌水器埋入地下30~40 cm。前者称为地表微灌,后者称为地下微灌。灌水器的流量一般为1.2~12 L/h。

微喷灌是利用安装在毛管上或与毛管连接的微喷头,将压力水以喷洒方式湿润土壤,微喷头的流量通常为20~250 L/h。

57. 光伏提水系统如何组成?

光伏提水系统的应用,能够有效地解决无电、缺水地区,野外市电无法供应地区的用水问题。它可以使长期以来无法解决的人畜饮水、农业灌溉、草场种植、荒漠绿化等多方面的用水问题得到缓解。

光伏提水系统采用太阳能阵列聚能送电—水泵全自动抽取、输送水—蓄水池蓄水—控制器自动控制蓄水池水位高度—采用手机远程无线遥控电磁阀或者手动放水。全系统可以实现在无人值守情况下,全自动抽水、控水,达到有效利用、调配水资源,节约劳动时间,减轻劳动负担,提高生产效率的目的。

光伏提水系统由下列部分组成:光电池板、支架、基础、蓄电池、控制系统、光伏提水专用水泵、取水建筑物、输水管线、蓄水池、用水终端、安全防护网等。

58. 全程机械化在糖料蔗生产中的具体应用有哪些?

糖料蔗机械化生产是指使用机器代替传统人工方法进行耕作、种植、培土、收获、装载运输的过程,包括整地、开行种植、中耕培土、砍收、装载运输、蔗叶粉碎还田以及宿根蔗开垄松蔸等环节。糖料蔗机械化应用是减轻劳动强度、提高工作效率、实现糖料蔗生产种植节本增效、保证高产高糖的重要措施。

59. 机械化应用对糖料蔗种植条件有何要求?

一是土地整治,要求地势平坦,交通便利,土地相对连片,坡度在13°以下。地里没有障碍物(石头、树根等),以免影响机械运行或损坏机械零部件。二是种植行距,可采取两种种植模式:一种是等行距种植,行距为 1.2 m 以上;另一种是宽窄行种植,行距为 1.2 m ×(0.4~0.5)m, 即宽行 1.2 m 以上,窄行 0.4~0.5 m。三是机耕道路(生产路)必须满足农机作业地头回转及糖料蔗运输车辆行走要求。机耕道路(生产路)应采用泥结石路面,宽度要达到 4 m 以上,并适当修建会车道;与地块相对高度一般不高于 5 cm,以便于机械调头作业。

60. 甘蔗深耕深松机具的种类有哪些?

甘蔗深耕深松机具主要种类有单柱凿铲式、倒梯形全方位式、可调翼铲式、旋耕式和振动式等。种植前使用耕作机具对蔗田深耕深松,改变耕作层的土层结构,为甘蔗生长提供良好的条件。

广西蔗区比较成熟的深耕深松机具有 1LH-345 型深耕犁和 1SL-160 型深松犁,耕深 40 cm,松土幅度达到 160 cm。目前,在政府农机购置补贴、蔗地深耕作业补贴等措施的有力推动下，机械化深耕深松技术得到广泛的应用。据统计，2013 年，全自治区推广蔗地深耕深松的面积达到 535.3 万亩，约占当年新种植糖料蔗面积的 90.2%。

61. 甘蔗种植机的作用如何？

使用甘蔗种植机可完成开沟、砍种、摆种、喷药、施肥、覆土、盖膜等各环节工序的作业。广西蔗区使用的主要是 2CZX－2 型甘蔗种植机，其载种量为 800～1 000 kg，开行深度达 25～30 cm。至 2013 年，全自治区糖料蔗机械化种植水平为 27.06%。

62. 甘蔗中耕培土机的作用如何？

使用甘蔗中耕培土机可以做到深培土、大培土，扩大根系吸收面积，增强植株抗风抗倒能力，促进来年宿根蔗的生长。蔗区较常用的是 1GP－125 型中耕培土机，该机配套手扶拖拉机，动力 11～15 kW，培土高度 18～22 cm，作业行距 1.25～1.5 m。在农机部门的推广和示范下，蔗农已逐渐认可和接受甘蔗机械化中耕培土技术。2013 年，全自治区糖料蔗区使用机械化中耕培土的面积为 238.8 万亩，占总面积的 14.7%。

63. 机械化收割甘蔗工艺有哪几种？

一是单机组合收获。其工艺是：人工去梢＋整杆式甘蔗收割机＋甘蔗剥叶机。其较适合在小地块上作业。二是联合收获。采用整杆式联合收割机或切段式联合收割机，一次性完成砍切和剥叶作业。其适合于收获、运输和糖厂加工能连续性流水作业的大面积蔗区。切段式联合收割机质量可靠，对倒伏严重的甘蔗适应性强。整杆式联合收割机在出现倒伏的蔗地上作业不理想。切段式联合收割机主要有凯斯 A4000 收割机和凯斯 7000 收割机。凯斯 A4000 收割机整机质量 7 000 kg，配套动力 170 马力（1 马力≈0.735 kW），适应行距≥0.9 m;凯斯7000收割机整机质量15 500 kg,配套动力330马力,适应行距≥1.2 m。广西蔗区主推切段式联合收割机,2013年全区机收面积61.63万亩,占总种植面积的3.8%。

64. 如何对水源工程进行运行管护?

水源管理与维护的重点是水源的水量、水质和设施的管理与维护。以河流、渠道、水库、塘堰或机井等作为水源的水源工程,运行前应检查水源水质,保证水体无毒、无害并且满足灌溉需求,同时不破坏当地的水生态平衡。节水灌溉工程的取水必须控制在水行政主管部门批准的取水许可范围内,按时、按质、按量供水。对水源工程除进行经常性的维护外,每个灌溉季节结束,还应及时清淤、整护。

65. 如何对动力及加压设备进行运行管护?

对于水泵、电动机或柴油机及其他动力机械等动力及加压设备,在运行前应进行检查,确保各紧固件无松动;泵轴转动灵活,无杂音;采用机油润滑的水泵,油质洁净,油位适中;电动机外壳接地良好;配电盘配线和室内线路保持良好绝缘;电缆线的芯线不裸露;电动机和电路正常。用皮带机传动的水泵,要把皮带挂好,检查皮带松紧情况,并调整适当。灌水前应先开启给水栓,后启动水泵;系统关闭时应先停泵,后关闭给水栓。

机泵的运行管理主要应注意以下4点:

(1)声音与振动。水泵在运行中应机组平稳,声音正常而不间断,如有不正常的声音和振动发生,是水泵发生故障的前奏,应立即停泵检查。

(2)温度与油量。水泵运行时对轴承的温度和油量,应经常巡检,用温度表量测轴承温度,滑动轴承最高温度85 ℃,滚动轴承最高温度90 ℃。工作中可以用手触轴承座,若烫手不能停留时,说明温度过高,应停泵检查。轴承中的润滑油要适中,用机油润滑的轴承要经常检查,及时补足油量。同时动力机温度也不能过高,填料密封应正常,若发现异常现象,必须停机检查。

(3)仪表变化。水泵启动后,要注意各种仪表指针位置,在正常运行情况下,指针位置应稳定在一个位置上基本不变,若指针发生剧烈变化,要立即查明原因。

(4)水位变化。机组运行时,要注意进水池和水井的水位变化。若水位过低(低于最低水位),应停泵,以免发生气蚀。

机泵维护的内容如下:每天保持井房内和机泵表面干燥、干净;常用螺丝要用合适的固定扳手操作,不常用的外露的丝扣要用油布定期擦净,以防锈固;用机油润滑的机泵,每使用一个月加一次油;用黄油润滑的机泵,每使用半年加一次油;在冬闲季节要对机泵进行彻底检修、清洗,除锈去垢,修复和更换损坏的零部件。

66. 如何对过滤设备进行运行管护?

对沉沙(淀)池、初级拦污栅、筛网过滤器和介质过滤器等设施设备,运行前应检查各部件是否齐全、紧固,仪表是否灵敏,阀门启闭是否灵活;开泵后排净空气,检查过滤器,若有漏水现象应及时处理。

运行期间应定时进行冲洗排污或取出过滤元件进行人工清洗。进行反冲洗时应避免滤砂冲出罐外,必要时应及时补充滤砂。

进行维护和保养时,应对过滤器进行全面检查、清洗或反冲洗,对进、出口和储沙罐等进行检查,及时取出过滤元件进行彻底清洗,并对其他部件进行保养,更换已损坏的零部件。对于筛网过滤器,每次灌水后应取出过滤元件进行清洗,并更换已损坏的部件。

67. 如何对施肥装置进行运行管护?

运行前应检查的内容如下:各部件是否连接牢固,承压部位是否密封,压力表是否灵敏,阀门启闭是否灵活,接口位置是否正确。

运行时应按需要量投肥,并按使用说明进行施肥作业。施肥罐中注入的固体颗粒不得超过施肥罐容积的 2/3;施肥后必须用清水将系统内的肥液冲洗干净,并定期对施肥罐进行清洗。

每次施肥后，应检查进、出口接头的连接和密封情况。在灌溉季节后，应对施肥装置各部件进行全面检修，清洗污垢，更换损坏和被腐蚀的零部件，并对易蚀部件和部位进行处理。

68. 如何对安全保护装置和控制设施及量测设备进行运行管护?

安全保护装置和控制设施及量测设备包括水表和压力表，各种手动、机械操作或电动操作的闸阀，如安全阀、减压阀、进排气阀、逆止阀、泄排水阀、水力自动控制阀、流量调节器等。阀门的开、闭应均匀缓慢，阀门井等保护装置应保护完好，避免阳光直射阀门，造成老化。电磁阀线缆避免裸露，应用护管保护。注意零部件的保养，定期进行清洗，经常检查维修，保证其安全、有效运行。自动控制系统要定期调试和维护，在不熟悉构造及原理的情况下应联系专业技术人员进行维修和调试。

69. 如何对灌溉工程电气设备进行运行管护?

室内低压线路或室外非架空低压线路严禁使用裸线，绝缘层破损或被腐蚀的导线必须及时更换，接头等连接部位不得松动，并应有良好的绝缘保护；对铺设在地下的每一电缆线路，应查看路面是否正常，有无挖掘痕迹及路线标桩是否完整无缺；电缆线路上不应堆置瓦砾、矿渣、建筑材料、粗笨物件、酸碱性排泄物或砌堆石灰坑；检查电缆是否张拉过紧，保护管或槽有无脱开或锈烂现象，保护管或槽内有无积水；按规定应接地的设备，接地必须良好；经常检查露天安装的各类开关、保险及外盖是否有触头烧伤、腐蚀、老化、损坏等现象，发现问题，必须查明原因，及时更换，排除故障。永久性架空电力线路每月应巡回检查一次。地埋电缆每半年应检查一次，绝缘电阻每年应测定一次。

70. 如何做好灌溉管网的运行管护?

在管网运行过程中，一定要加强巡查和检漏，加强各管道及配件的技术管理。建立管网技术档案,掌握完整的设计图纸和技术资料,以便为整个供水系统的运行和日常管理、维修工作提供依据。

管道系统在初始运用时,应进行全面检查、调试或冲洗,并做到管道畅通,无污物杂质堵塞和泥沙淤淀,保证管道系统无渗水、漏水现象。给水栓或出口以及暴露在地面的连接管道应完整无损。无田间首部调压装置的,可通过调整球阀的开启度来进行调压,使系统各支管进口压力大致相同。量测仪表盘面清晰,显示正常。各级管道应无损坏,毛管无扭曲或打结,出水器无堵塞等情况。系统运行时,必须严格控制压力表读数,应将系统控制在设计压力范围内,以保证系统能安全、有效地运行。在运行过程中,要注意管材各接口处和局部管段是否漏水,若发现漏水,可根据管件的不同材质选择适当的措施及时处理;要检查系统水质情况,视水质情况随时对系统进行冲洗。

71. 灌溉工程管网如何维护?

埋设在田间的管道,由于施工质量的缺陷、不均匀沉陷、农用机械碾压等,其管材、管道、管件等可能损坏漏水,应根据不同材质、规格情况立即进行修补或更换。管网运行时,若发现地面渗水,应在停机后待土壤变干时,将渗水处挖开,露出管道破损位置,按相应管材的维修方法进行维修。

田间使用的软管,由于管壁薄,经常移动,使用时应注意以下事项:使用前,要认真检查软管的质量,并将铺管路线平整好,以防草木、作物茬或石块等尖状物扎破软管。使用时,软管要铺放平顺,严禁拖拉,以防破裂。软管输水过沟时,应架托保护,跨路时应挖沟填土或套钢管保护,转弯要平缓,切忌拐直角弯。软管用后应清洗干净,排出管内积水,卷好存放。软管使用中发现损坏,应及时修补。若出现漏水,可用塑料薄膜补贴,也可用专用黏合剂修补。软管应存放在空气干燥、温度适中的地方;软管应平放,防止重压和磨坏软管折边。不要将软管与化肥、农药等放在一起,以防软管黏结。对于多年重复使用的软管，在回收时要特别注意不要被作物和地面附着物划破刺穿，边回收边检查有无破损，如发现立即处置。回收的移动软管堆放在仓库中，要尽量按在地块中的布置编序堆放，为下次铺设创造有利条件。同时，做好作物收割停水后部分设备的拆卸、回收、存放、检修、养护工作，为下一年度工程设备良好运行奠定坚实的基础。

72. 如何做好灌溉工程的防雷措施?

在各种恶劣天气及突发事件中被雷电击中，是最容易损坏机械设备的。雷电的危害表现为三种形式，分别是被雷电击中、静电感应、电磁感应。在安装水泵时，就应该在周围布置好防雷电设施。水泵的金属外壳需要单独引线接地，开关箱需装设漏电保护器，有泵房的还需安设避雷针。防雷设施安装应由专业电工人员负责。

73. 如何做好灌溉工程的抗冻措施?

对于水源工程，冬季开敞式蓄水池没有保温防冻设施，故冬季不蓄水，秋灌后要及时排除池内积水，冬季要清扫池内积雪，以防止池体冻胀破裂。封闭式蓄水池除进行正常的检查维修外，还要对池顶保温防冻铺盖和池外墙填土厚度进行检查维护。对于机电设备，冬季停机后，要打开泵壳下面的放水塞，把水放净，防止水泵冻坏。在冬季冻害较严重的地区，有必要在管道排水结束后将电磁阀的上阀体卸下，用干净毛巾将电磁阀内部的余水擦干。对于管道系统，冬季应及时放空管道内存水，以免冻坏。针对不同情况，采取相应的方法进行处理。如钢管内结冰，要打开下游侧的阀门，把积水放空，用喷灯、气焊枪或电热器沿管线烧烤烘，直到恢复正常为止；如给水栓被冻结，可从水的出口开始，用热水逐步浇烫，或将浸油的布从下到上缠绕到管子上，然后点火由下往上燃烧。

74. 如何做好灌溉工程的电气防火措施?

配电箱、电气设备周围不准堆放易燃、易爆物品，不准使用火源，电气设备集中场所应配置灭火器材；定期检测设备的绝缘程度；下雨时要将配电箱箱门关好，防止进水。

75. **甘蔗防洪涝的措施有哪些？**

（1）地形平坦、地下水位较高的水浇地，在整地开沟前，田间四周要有环状排水沟，中间要有“十”字形、“丰”字形或“井”字形的主干排渠或支排渠，以切断四周水源渗入，降低田间地下水位。种苗下种时，深开蔗沟，松土层浅下种，切断毛管水，减轻涝害。

（2）对地势低洼易造成涝害的连片蔗区，要根据面积大小和地形设计兴修排灌系统。

（3）在旱地蔗区，对丘陵、台地或坡地，应根据地形变化和坡度，开挖引水渠。在夏、秋雨水集中且雨量大的蔗区，丘陵旱地沿等高线开挖深种植沟，并实行宽行、宽幅种植，加大种植垄，以利于积蓄、阻隔、拦截雨水，减轻冲刷。

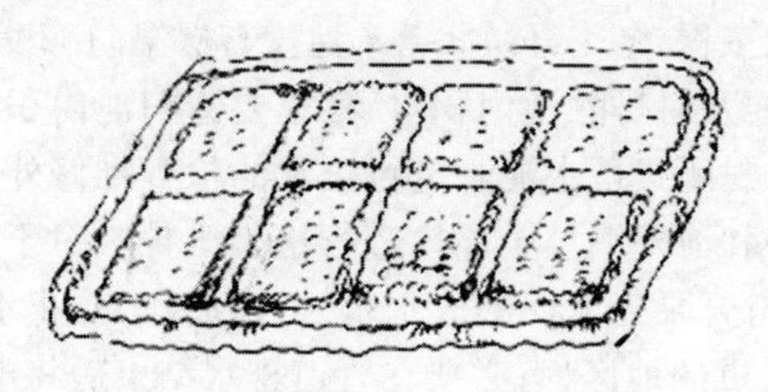

五、农艺节水技术

76. 农艺与管理节水技术主要有哪些?

农艺节水技术主要有耕作保墒技术、覆盖保墒技术、水肥耦合技术、节水作物品种筛选技术、化学制剂保水剂节水技术等。管理节水技术主要有采用节水灌溉制度、土壤墒情监测与预报、灌区配水技术、灌区量水技术和现代化灌溉管理技术等。

77. 旱地蔗区的农艺节水措施有哪些?

(1)选用高产、高糖、抗旱强的甘蔗良种。

(2)在栽培措施上,应用深沟板土节水抗旱栽培技术、深松浅播栽培技术。雨后抢种,雨后中耕,封沟蓄水,充分利用雨水。

(3)种植成苗后,勤中耕锄草,减少水分蒸发,采用地膜覆盖,大培土后用蔗叶覆盖蔗畦,可以保持土壤湿度,减少土壤水分蒸发,保持土壤水分。

78. 甘蔗良种应具有哪些特性?

甘蔗良种就是单位面积具有最高产蔗量和产糖量,产量稳定,适于当地生态环境、栽培制度和制糖工艺要求,经济效益显著,能满足工业和农业生产需求的新品种。甘蔗良种的特性有单产高、蔗糖分高、宿根性好、抗逆性强、甘蔗纤维适中、甘蔗砍后糖分转化慢等。

79. 为什么要进行甘蔗品种改良及改良途径有哪些?

甘蔗是无性繁殖作物,通过种茎繁殖。随着栽种年限的延长,其种茎内含的病害越来越多,种性退化越来越快,同时自然界的病虫害抗性也在增强,因此需要对甘蔗品种不断地进行改良。目前,品种改良在甘蔗生产科技进步中的贡献率达60%,品种改良是提高糖料蔗产量和品质的最重要手段,是提高蔗糖产业竞争力的必由之路。

甘蔗品种改良就是创造遗传变异,进行定向综合选择的过程,主要有杂交育种和生物技术育种两个途径。甘蔗杂交育种主要是指通过优良亲本开花杂交创造遗传异质性的育种群体,从中选择优良个体,这是甘蔗育种最为重要的手段。生物技术育种是以生命科学为基础,利用生物的特性和功能,设计、构建具有预期性能的新物质或新品系的技术。生物技术育种已经成为当前国际上优先发展的高技术领域之一,其中细胞工程、基因工程及分子标记技术等应用于作物品种改良,在培育高产、优质、抗病、抗虫、抗逆性的优良品种方面发展前景广阔。

80. **什么是甘蔗种质资源?**

甘蔗种质资源是指甘蔗属及其近亲缘属植物,以及通过遗传改良获得的杂交品种、杂交亲本和中间材料,可分为栽培原种资源、野生种资源和杂交种资源。栽培原种资源主要指甘蔗属内的热带种、印度种和中国种;野生种资源包括甘蔗属内的细茎野生种(割手密)、大茎野生种,以及甘蔗的近缘植物;杂交种资源是指育成的甘蔗品种和育成原中间材料。美国迈阿密和印度巴托甘蔗育种研究所是世界甘蔗种质的两大搜集保存中心。我国国家甘蔗种质资源圃现保存资源 2 112 份,其中甘蔗栽培原种资源 118 份,野生种资源 803 份,杂交种资源 1 191 份。

81. 如何识别甘蔗品种的真伪?

可从甘蔗的形态特征、生长特性和分子鉴定等方面来识别甘蔗品种的真伪。甘蔗的生长受环境条件和栽培水平的影响,但不同甘蔗品种的外观性状不同,田间识别甘蔗品种真伪的主要方法是:观察叶片形状、颜色、厚薄,叶鞘颜色、毛群,叶耳的有无、长短,脱叶的难易程度;茎的形状、茎色、蜡粉颜色、节间长短,木栓的有无、多少及形状;芽的形状、位置,芽沟的有无、长短和深浅,生长裂缝的多少和长短等。形态特征相似的,还可从生长特性如出苗特性、分蘖力、对各种病虫害的抗性、抗旱性等来区分。生长特性极为相似的,还可以通过分子鉴定来区分识别。

82. 适宜广西种植的优势甘蔗品种有哪些?

目前,广西蔗区的当家品种是新台糖22号,种植面积占全自治区种植总面积的67.6%,其他主要种植品种情况如下:新台糖25号占种植总面积的5.73%,台优占5.55%,新台糖16号占4.12%,桂糖21号占3.17%,粤糖93/159占2.76%。除上述主栽品种外,广西蔗区还大力推广新近培育的优良品种,如粤糖60、桂糖28、柳城05-136、桂糖97-69等,属于大茎、高产品种;柳城03-1137、桂糖02-901、桂糖02-281等,属于中茎、稳产、高糖品种;桂糖29、桂糖36、桂糖02-208等,属于萌芽势强、分蘖率高、宿根性好的品种。

83. 蔗叶还田有何益处?

蔗叶中含有的氮、磷、钾、镁、钙、硫等多种养分和有机质及时还田,可以有效改善土壤理化性状,增加土壤肥力,保持土壤水分,抑制杂草生长,对宿根蔗蔸的萌发及生长有利。以每亩生产5 t甘蔗的蔗地计,有600~1 000 kg蔗叶,相当于施尿素约8.6 kg,过磷酸钙约5 kg,氯化钾约16.5 kg。蔗叶还田的方法:一是直接把蔗叶压埋在蔗行中;二是在甘蔗收砍后,隔行覆盖于蔗地垄间;三是采用机械在蔗地进行蔗叶粉碎还田。

84. 进行甘蔗间套作有什么好处？

(1)可以增加复种指数,提高土地利用率。

(2)可以提高土壤肥力,改良土壤理化性状。

(3)可以改善蔗田生态环境。间套作物可较早荫蔽行间,减少土壤水分蒸发、杂草为害,防止土壤板结。

(4)可以增加农户经济收入。

85. 适宜甘蔗间套作的作物有哪些？

甘蔗间套作主要是利用作物不同种植期、不同生育阶段、不同生长速度和不同株型等因素,使甘蔗封行前的行间保持绿色覆盖层,以充分利用自然土地资源,获得一定的作物收益。适宜甘蔗间套作的作物主要有豆类、蔬菜、绿肥等, 如黄豆、绿豆、西瓜、南瓜、姜、红薯等。

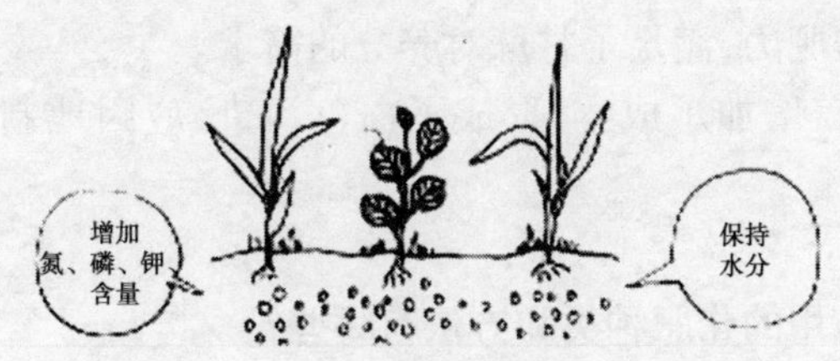

86. 甘蔗间种西瓜的注意事项有哪些？

一是西瓜选用早熟、品质优良、头花坐果率高的品种。二是适时育苗移栽。定植时间一般在2月上旬至3月上旬。定植规格为每畦种植甘蔗两行,畦面上的甘蔗行距为0.8~0.9 m,先种植甘蔗,然后用1.2 m宽的地膜进行畦面覆盖。种完甘蔗之后根据天气情况进行西瓜定植,西瓜定植在畦面的两行甘蔗中间,隔畦种一行西瓜,株行距为2 m×3 m。三是加强肥水管理和病虫防治。5月下旬当西瓜坐果4~5 d时,每亩追施猪肥 700 kg,尿素 8 kg,促进瓜果膨大,并注意做好清沟排水、盖草、整枝和蔗瓜的病虫防治。6月中旬西瓜收获拔蔓后,要对蔗田及时掀膜、中耕、施足伸长肥,才能达到瓜蔗双高产。

87. 地膜覆盖对甘蔗有什么好处?

甘蔗地膜覆盖具有显著的保温、保湿、保肥作用,能有效地提高甘蔗出苗率,增加甘蔗产量,提高甘蔗糖分。

(1)提高土壤温度。地膜覆盖后,形成了一个土壤与薄膜之间的小循环系统,地温可比裸地提高3~5 ℃。

(2)保湿、保墒。地膜覆盖后,白天阳光照射温度高,夜晚地膜内外温差大,膜内布满水珠,由于地膜的阻隔,隔住了土壤与空气的热交换,土壤水分不易蒸发,起到保墒作用。

(3)改善土壤物理性状,使土壤中速效养分增多。地膜覆盖后,由于协调了土壤中温度、水分、空气三者的关系,土壤松软性能可较长时间保持,有利于土壤中微生物的活动,加速了土壤中有机质的分解,增加了土壤肥力,满足了甘蔗对养分的需求。

但地膜覆盖增加了成本,形成了白色污染,应因地制宜加以采用。

88. 甘蔗施用的化肥种类和方法有哪些?

甘蔗施用的化肥主要有氮肥、磷肥和钾肥。常见的氮肥有碳酸氢铵;磷肥有钙镁磷、过磷酸钙、重过磷酸钙;钾肥有硫酸钾、氯化钾。目前,氮、磷、钾配合的甘蔗专用复合(混)肥在各蔗区普遍使用。甘蔗生产要根据各生育期特点,氮、磷、钾肥配合施用。一般采用速效氮肥。

(1)施足基肥。在甘蔗栽培时,将全生育期20%~30%的氮肥、60%~80%的磷肥、60%~80%的钾肥和硅肥混合做底肥,施于种苗两旁或种苗上,再盖土。

(2)重施攻茎肥。5月底6月初,雨季来临,甘蔗开始拔节,采用全生育期60%以上的氮肥和20%~40%的磷肥,混合均匀施于蔗根基部,进行大培土。

(3)补施壮尾肥。8 月中下旬,及时补施壮尾肥,促进甘蔗成熟。

89. 甘蔗防倒伏的农业措施有哪些?

甘蔗防倒伏的主要农业措施有:①选蔗茎均匀的抗倒伏甘蔗良种;②在甘蔗进入伸长期时,要及时大培土,培土高度 30 cm 以上,饱满呈馒头状。

90. 甘蔗如何进行测土配方施肥?

测土配方施肥的基本方法是:①土样采集。根据地形、地貌和土壤质地、蔗区类型,对蔗田进行分区划片,在此基础上,进行各个片区的取样,按每 100 ~ 300 亩取一个样。②土样分析测试。分析测试土壤全量氮、磷、钾和速效氮、磷、钾,以及有机质,30% 抽样测试对甘蔗生长有敏感作用的微量元素,即铁、硼、锰、铜、锌等。③确定养分配方和施用量。

应根据蔗区土壤测试结果和蔗区土壤养分丰缺评判标准、肥料养分施用标准,提出蔗区不同地点的氮、磷、钾等配方和施用量。

六、节水灌溉与植保

91. 节水灌溉对病虫害的防治有何作用?

通过采用适宜的节水灌溉方式,可改善生态环境,调节作物间小气候,增强土壤微生物活性,促进作物对养分的吸收,有利于改善土壤物理性状,减少土壤养分淋失,减轻病虫害发生,减少防治病虫害农药的投入,减少地下水的污染。

传统灌溉采用的漫灌方式灌水量较大,使土壤受到较多的冲刷、压实和侵蚀,导致土壤板结,土壤结构受到一定的破坏。而节水灌溉技术使水分微量灌溉,水分缓慢均匀地渗入土壤,对土壤结构起到保护作用,使土壤密度降低,孔隙度增加,增强土壤微生物的活性,减少养分淋失,从而减少了土壤次生盐渍化的发生和地下水资源的污染,抑制病虫害的发生,利于作物的生长,使耕地综合生产能力大大提高。

92. 甘蔗最重要的病、虫、草、鼠害有哪些?

我国已发现甘蔗病害 64 种,害虫 360 多种,杂草 100 多种,害鼠 20 多种。

(1)病害。黑穗病、黄叶病、梢腐病、花叶病、宿根矮化病、黄(褐)斑病、褐条病、赤腐病、凤梨病、锈病、眼点病和线虫病等。

(2)害虫。地下害虫有黑色蔗龟、齿缘鳃金龟、二点褐鳃金龟、大绿丽金龟、蔗根锯天牛、细平象甲、白蚁等;蛀茎害虫有二点螟、条螟、黄螟等;基部害虫有甘蔗棉蚜、甘蔗蓟马、蔗椿象、蔗蝗等。

(3)杂草。禾本科杂草有马唐、千金子、牛筋草、稗草、龙爪茅、狗芽根、竹节草、白茅等;莎科杂草有香附子、碎米莎草等;阔叶杂草有胜红蓟、石胡荽、苍耳等。

(4)害鼠。有黄胸鼠、褐家鼠、板齿鼠及黄毛鼠等。

93. 甘蔗病害的综合防治措施有哪些?

(1)做好引种检疫,可从源头上杜绝病害传播。

(2)选种优良抗病品种,控制效果最好,最省钱。

(3)大力推广健康种苗。甘蔗长期用蔗茎做种,病原菌长期在蔗茎中累积,造成种性退化。温汤浸种和腋芽或鼍尖离体培养获得的健康种苗基本不带毒,生长快,含糖分高。

(4)农业防治。拔除病株(黑穗病黑鞭)、轮作以及合理水肥管理,增强抗病能力。

(5)化学防治。除蔗种凤梨病药剂防治有效外,甘蔗生产上不提倡化学防治病害。

94. 甘蔗花叶病的发生、为害与症状情况如何? 怎样防治?

甘蔗花叶病为病毒病,许多国家将其列为重要病害。发生花叶病的原因是病原多变,株系复杂,培育具有持久抗病性和多抗品种困难,病害造成甘蔗矮化,节间变短,产量和蔗糖分下降。病毒侵入后分布在甘蔗各部位,因品种和病毒株系不同,症状差别较大。病害典型症状为花叶,即在叶片上产生许多不规则的淡绿色或淡黄色与叶脉平行的短条纹,对光可见半透明的黄绿相间的条纹或"绿岛",在新叶上尤其是基部症状更明显,夏季有的症状暂时消失。

蔗种带病毒是最初来源,田间传播有两种渠道。蚜虫是最主要的病毒传播者,已发现蔗蚜、桃蚜等 16 种蚜虫可传播病毒;农事操作所造成的机械摩擦和斩过病蔗的蔗刀也会传播病毒。

防治措施:①选用抗病优良品种。②建立健康种苗繁育基地,选用无病种苗。③控制蚜虫,减少传播虫媒,砍蔗种前先砍掉有病植株再留种,减少传染源。④提倡宽行距,改善田间通风条件。

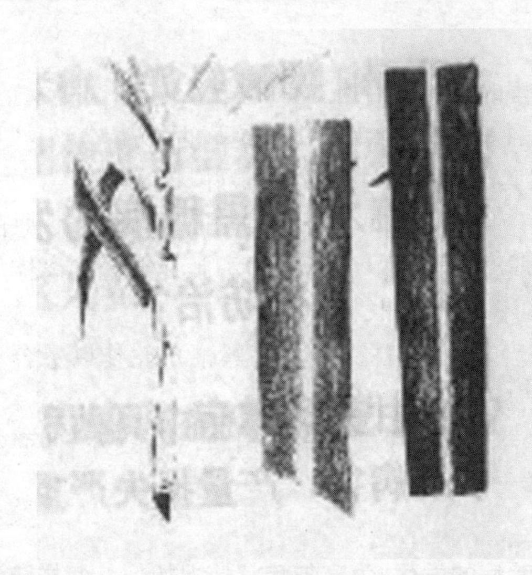

95. 甘蔗黄叶病的发生、为害与症状情况如何？怎样防治？

甘蔗黄叶病又称黄叶综合征，是病毒病，严重为害甘蔗，其造成的产量损失可达 50%，多数品种和亲本不抗病，干旱会加重病情。病害典型症状为：发病初期中、上部成熟叶片中脉背面呈亮黄色，下部较老的叶片中脉呈红色，随后向中脉两边扩展，叶片自尖端向下黄化，最终枯死。病毒不经农事传播，只能通过高粱蚜和玉米蚜带病毒传播，高粱蚜传播病毒的效率远高于玉米蚜。

防治措施：①选育推广抗病品种。②大力推广脱毒健康种苗。健康种茎腋芽培养和茎尖分生组织培养能高效地获得无病毒健康种苗。③控制传播病毒的蚜虫，避免干旱，对减轻黄叶病为害的效果非常明显。

96. 甘蔗黑穗病的发生、为害与症状情况如何？怎样防治？

甘蔗黑穗病由真菌引起，是各国为害最严重、最棘手的病害，其造成的产量损失严重。病害典型症状为：病株生长点受侵染后，梢头长出一条直或向下弯曲的黑色鞭状物，或者是黑鞭孕育与抽出期间的甘蔗叶片变狭长,色淡绿。感病品种黑鞭抽出早、多,长短因品种而异,从几厘米到 1 m,发病高峰期在 7 ~ 8 月。初侵染为蔗芽带菌,二次侵染主要通过气流。

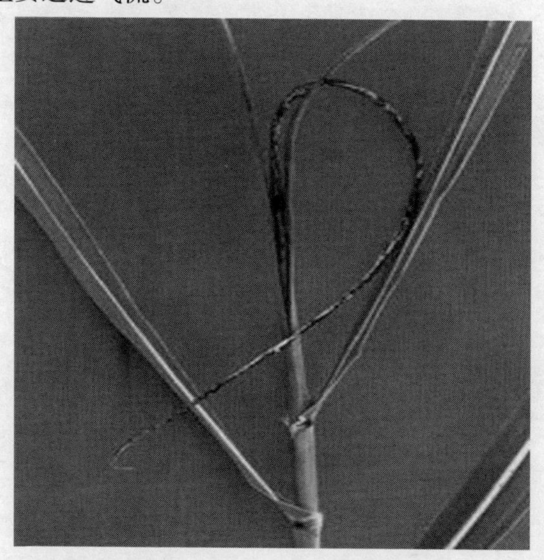

防治措施:①选种抗病品种。②应用健康种苗。③加强田间管理,施用磷、钾肥,使蔗苗健壮,增强抗病能力。④及时拔除病株并烧毁。⑤重病区要与水稻、玉米、薯类等轮作。⑥不在发病区采苗。

97. 甘蔗梢腐病的发生、为害与症状情况如何?怎样防治?

甘蔗梢腐病为真菌病,近年加重。病害典型症状:发病初期幼叶基部褪绿黄化,后叶片变窄、显著皱褶、扭缠或短缩,叶片上红褐色纵向条纹裂开成为破损叶,严重者呈畸形;感染叶鞘形成红色坏死斑或梯形病斑;为害生长点,引起顶腐及幼轴坏死;病茎呈红褐色平行纵裂的梯级,有许多如刀割状的横向裂口,变黑褐色,节间弯曲。

防治措施:①选种抗病品种和应用健康种苗。②加强田间管理,增强抗病性。③收获后及时烧毁残体。④发病初期病株用 50% 多菌灵、50%苯菌灵、75%百菌清600～1 000倍液，或1%波尔多喷雾，每周喷1次，共喷2～3次。

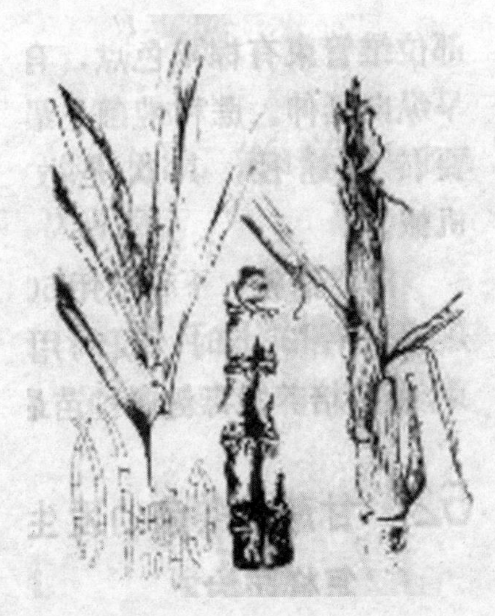

98. 甘蔗褐条病的发生、为害与症状情况如何？怎样防治？

甘蔗褐条病为真菌病害，主要发生在洼地、瘦地、缺磷或缺硅地块。病菌来自蔗田的病株及其残叶，其借气流传播蔓延，主要通过气孔侵入，并在湿润的叶片上萌芽。病害典型症状为：病斑最先发生于嫩叶，初呈透明状小点，后为水渍状条斑，与主脉平行，后变为黄色、红褐色带黄晕，严重时条斑合并成大斑块，叶片提早干枯，一眼望去好像“火烧状”。

防治措施：①选种抗病品种。②剥除老脚叶，间除无效过密分蘖，保持蔗田通风透气。③增施有机肥，适当多施磷、钾肥。④甘蔗收获后清洁蔗园，消除病菌。发病中心用50%多菌灵可湿性粉剂、75%百菌清可湿性粉剂500～600倍液，或1%波尔多液喷雾，每周喷1次，喷2～3次可控。

99. 甘蔗赤腐病的发生、为害与症状情况如何？怎样防治？

甘蔗赤腐病为真菌病害，多发生在甘蔗生育后期，病菌主要通过伤口如螟害孔、生长裂缝等侵入，主要为害叶片、叶鞘、茎根，其中茎、叶受害重。病害典型症状为：叶片染病最初在中脉上产生小红点，后扩散为梭形斑，病斑四周红黑色，中部黄白色，其上具有分散的小黑点。叶鞘染病初现红色不定形的大斑，后逐渐变为黄白色，有时病鞘相邻节间表面也生红色的小型病斑。茎部染病维管束上生有纺锤形的小红点，后红点逐渐扩大，节间组织变为暗红色，病斑中间散生小白点，后期茎内组织干枯下陷，病情向外扩散后茎的表皮失去光泽，产生明显病症，病部下陷、枯死，在坏死组织表面生出黑色小粒点。

防治措施：①选种抗病品种，采用无病及无螟害蔗种。②进行蔗种处理。在52 ℃的温水中加入50%苯菌灵1 500倍悬浮液，浸20～30分钟。③收获后烧毁甘蔗残体。

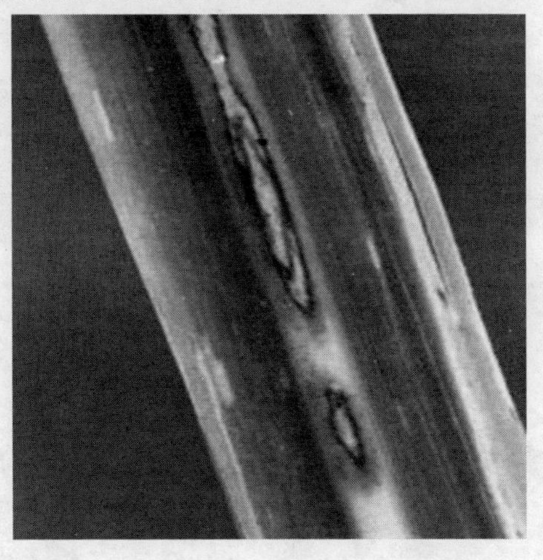

100. 甘蔗生理性病害的起因和特点是什么？

甘蔗生理性病害是由于环境条件异常或急剧变化，而非病菌侵染所引起的，如温度过高或过低、光照过强或过弱、某种营养元素过剩或缺失、水分过多或过少、土壤盐碱度过高、药害、肥害等引起的甘蔗生长异常,因其生理变化类似病害,习惯上称为生理性病害或非侵染性病害。生理性病害的特点是,在同一时间,在植株相同器官和部位,出现基本相同的症状;而侵染性病害在田间发病时,往往先有1个或几个发病中心,然后由发病中心向其周围快速或缓慢地蔓延。准确判断病害非常重要,两者的防治措施完全不同。

101. 甘蔗螟虫发生与为害的规律有哪些?如何防治?

甘蔗螟虫主要有二点螟、条螟、黄螟等,二点螟分布最广,条螟和黄螟主要发生于雨水充足、灌溉条件较好的蔗区。二点螟、条螟1年发生3~6代,黄螟发生6~8代。甘蔗生长全程可受害,苗期可造成枯心苗,中、后期可造成螟害节、风折株、死尾等,导致甘蔗产量损失20%~40%,糖分降低。

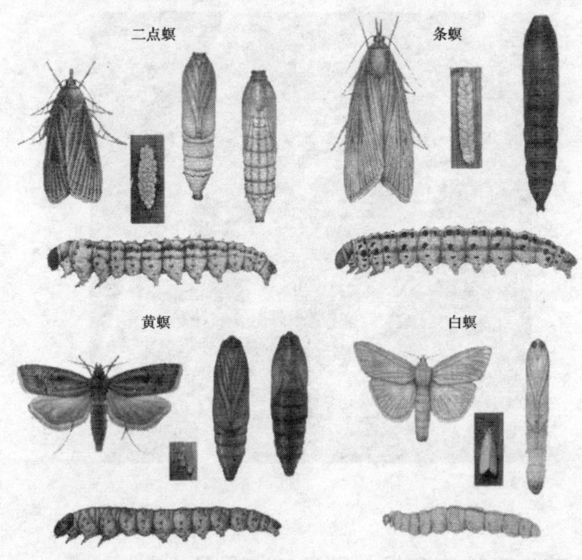

防治措施:①选种抗病、避虫的优良品种。②做好预测预报,及时准确掌握虫情。③利用天敌,包括保护自然天敌、人工繁殖蜂卡、

田间挂卡,以及释放天敌如赤眼蜂等。④利用人工合成的性诱剂迷向,使其不能正常交配,降低虫口,减少为害。⑤利用黑光灯诱杀。⑥割去新鲜枯心并销毁,收获后清除甘蔗残体。⑦合理用药。下种时施药护种,3~4月追施防枯心,大培土追施防中、后期螟害。3.6%杀虫双颗粒剂是一种低毒、内吸性农药,用药后要覆土,土壤潮湿效果更好。

102.甘蔗棉蚜发生与为害的规律有哪些?如何防治?

甘蔗棉蚜分布于我国各蔗区,华南蔗区最重。棉蚜的成虫、若虫聚集于蔗叶中脉附近吸食汁液,阻滞甘蔗生长,分泌的蜜露诱发煤烟病,影响光合作用,严重时造成生长萎缩,产量和糖分下降。棉蚜1年发生20多代,世代重叠,有两个高峰期:一是5~6月,越冬棉蚜迁飞扩散至大田,发展为大大小小的蚜群,成为中、后期蚜虫扩展的中心;二是9~11月,蚜群由点向面扩展,遇干旱少雨,甘蔗连片种植就暴发为害。

防治措施:主要抓住5~6月前零星发生时,用药剂挑治,既能有效歼灭蚜虫,又能保护天敌,从而抑制棉蚜后期的为害。选用50%乐果乳油1 000~1 500倍液、10%吡虫啉可湿性粉剂1 500~2 000倍液、25%噻虫嗪可分散粒剂8 000~10 000倍液喷雾。

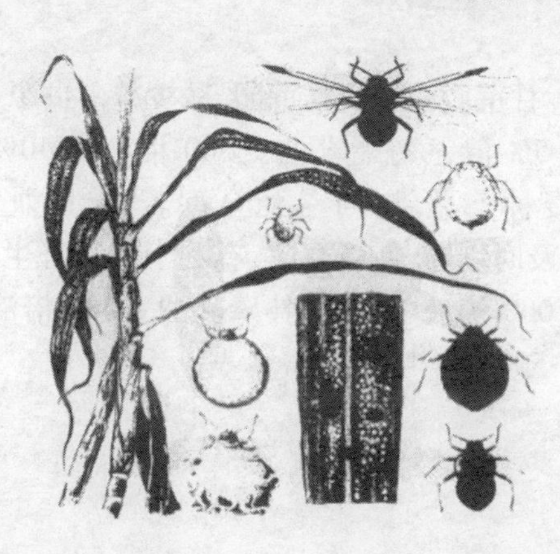

103. 甘蔗粉蚧壳虫发生与为害的规律有哪些？如何防治？

甘蔗粉蚧壳虫发生普遍且严重，主要靠种苗传播，也可借水流传播。其在节下部蜡粉带或幼蔗基部吸食汁液，并排出蜜露，导致煤烟病，使甘蔗生长受阻，产量、糖分降低，严重时会导致成片枯死。虫害蔗茎留种，萌芽率低，发芽迟，分蘖力差。1 年发生 8～10 代，终年发生，繁殖能力强。

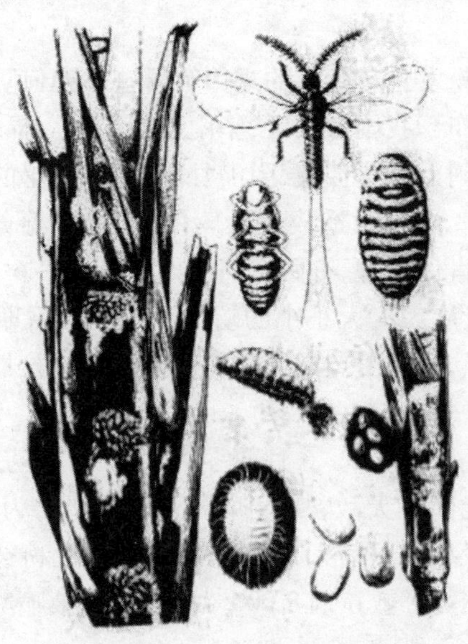

防治措施：①甘蔗收获后清洁蔗园，减少越冬虫源。②选用健康无虫种。③用 2.5% 溴氰菊酯乳油 1 500 倍液或 40% 杀扑磷乳油 500～800 倍液浸种 5 分钟，可杀死全部若虫，且兼治地下害虫。④合理轮作。⑤及时剥叶，使虫裸露，有利于天敌寄生，亦可用 50% 马拉硫磷乳油 1 000 倍液、40% 杀扑磷乳油 1 500 倍液或 48% 毒死蜱乳油 1 000～1 500 倍液喷雾。

104. 甘蔗蓟马发生与为害的规律有哪些？如何防治？

甘蔗蓟马普遍发生，但历时短，1 年发生多代。华南蔗区 5 ~ 6 月盛发，遇干旱或涝害，蔗苗生长迟缓，受害特别重。病害典型症状为：主要为害心叶，锉吸叶汁，受害心叶叶尖卷曲、黄枯，展开后呈黄色或淡黄色斑块，蔗株长势衰弱。

防治措施：①深耕、施足基肥、加强水肥管理，促进萌芽、分蘖和早生快发。②发生严重时，可用 20% 丁硫克百威 + 马拉硫磷乳油、48% 毒死蜱乳油、20% 丁硫克百威乳油、10% 吡虫啉可湿性粉剂 1 500 ~ 2 000 倍液，或 50% 杀螟硫磷乳油 1 000 倍液喷雾，也可用 15% 毒死蜱烟雾 500 ~ 2 250 mL/hm^2，采用 6HY – 25 型烟雾机喷施，选择早上或阴天进行，重点喷心叶效果好。

105. 甘蔗金龟子发生与为害的规律有哪些？如何防治？

金龟子为重要地下害虫，主要有黑色蔗龟、齿缘鳃金龟、二点褐鳃、金龟、大绿丽金龟等。其中，除黑色蔗龟幼虫（蛴螬）和成虫均可为害甘蔗外，其余害虫仅幼虫为害甘蔗。主要啮食地下蔗头和蔗茎，造成死苗、枯黄、连片枯死并影响宿根发蔸。

防治措施:①水旱轮作最有效。②化蛹时深耕26~33 cm,能伤及或致死部分幼虫和蛹,主要是人工拣拾露在土表的蛹和幼虫,也可在蔗头挖开松碎泥土3~7 cm捕捉。③灌水浸过畦面驱捕成虫或淹死蛴螬,收获后也可灌水防治。④成虫羽化高峰可用黑光灯诱杀。⑤下种时在蔗沟施杀虫颗粒剂,苗期结合小培土施药,大培土根区追施。每公顷可选用加强型3.6%杀虫双颗粒剂75 kg、3%甲基异硫磷颗粒剂75 kg、5%杀蝉+毒死蜱颗粒剂60 kg,或3%辛硫磷颗粒剂75 kg等。

106. 甘蔗天牛发生与为害的规律如何？怎样防治？

天牛为重要地下害虫,蔗根天牛发生普遍、为害严重。苗期和分蘖期幼虫蛀食种蔗引起死苗,拔节后为害易导致风折,严重时整株枯死。

防治措施:①人工或机械防治。割去死苗可除虫,收获后清洁蔗园,不留宿根的犁垄深翻,将翻出的幼虫拣拾处理。②物理防治。架设佳多频振式杀虫灯诱杀成虫,或挖设直径20 cm、深30 cm的陷阱诱杀成虫。③生物防治。可施用白僵菌或绿僵菌。④化学防治。用48%毒死蜱乳油或5%氟虫氰胺悬剂300~500倍液浸蔗种20~30 min后再播种,或每公顷沟施3.6%加强型杀虫双颗粒剂75 kg、3%

甲基异硫磷颗粒剂 75 kg、5% 杀螟 + 毒死蝉颗粒剂 60 kg。甘蔗大培土时，追施于蔗苗基部。

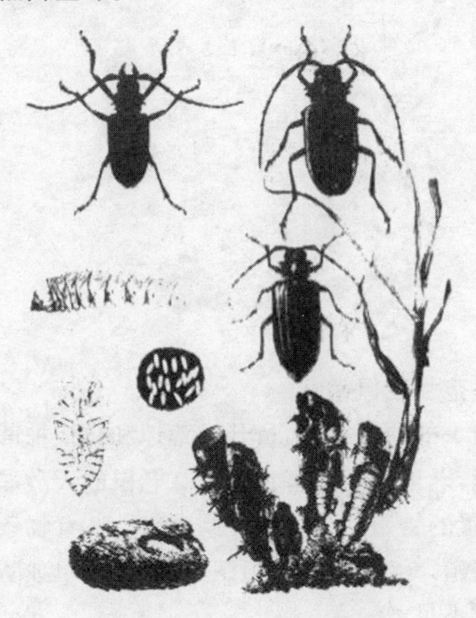

107. 甘蔗白蚁发生与为害的规律如何？怎样防治？

甘蔗白蚁发生普遍，全程为害，萌芽期最严重，苗期轻，伸长期逐渐严重，中、后期出现第 2 个为害高峰。萌芽期，从蔗种两端切口侵入，蛀食蔗茎，严重时只剩外皮，芽枯死。中、后期，白蚁常从蔗茎基部侵入蛀食，影响甘蔗生长，基部易风折，甚至全株枯死。

防治措施：①播前预防。收获后冬耕，挖毁蚁巢；播种时采用药物浸种保苗，选用 48% 毒死蜱乳油或 5% 氟虫氰胺悬剂 300 ~ 500 倍液浸种 20 ~ 30 min，可兼治地下害虫；沟施 4% 杀螟 + 毒死蝉颗粒剂 3 kg/亩，或 5% 毒死蜱颗粒剂 3 kg/亩。②播种后发现白蚁，可用 48% 毒死蜱乳油 250 ~ 300 mL 兑水淋于蔗沟中。③分飞孔直接投药。白蚁在筑分飞孔时，其工、兵蚁活动频繁，可将灭蚁灵粉直接喷在白蚁身上，连巢全灭。④架设黑光灯诱杀有翅繁殖蚁。

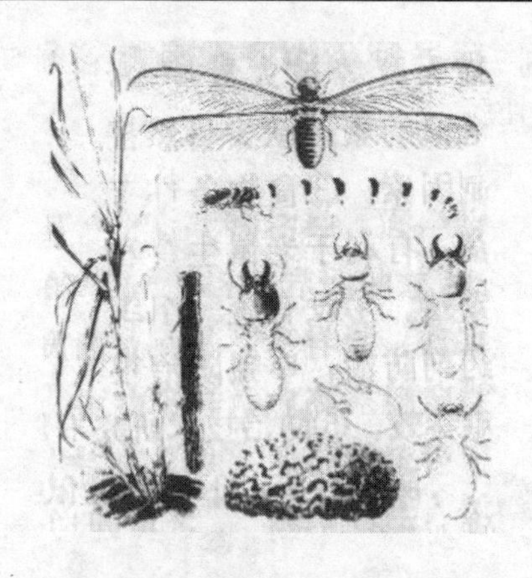

108. **如何防范甘蔗鼠害？**

甘蔗鼠害严重的原因：①大量开垦荒地和林地种蔗，破坏了老鼠原有的栖息环境，老鼠转而为害甘蔗。②老鼠的天敌如蛇、猫头鹰等被大量捕杀，老鼠的繁殖缺少自然控制因素。③食物条件丰富，有利于老鼠生存和繁殖。④没有统一组织药剂防治，单独防治很难奏效。⑤防治技术研究不足。

防范措施：①保护老鼠天敌。②统一组织防治，适时大范围投药。③加强鼠害控制新方法研究，以及低毒新药的开发。

109. 什么是甘蔗有害生物的综合防治?

甘蔗有害生物的综合防治是指以可持续农业为宗旨,遵循"预防为主、综合防治"的方针,坚持以提高纯收益和合理使用资源为核心,结合本地生态特点和耕作栽培制度,制定适合本地区的有害生物综合防治措施,协调运用农业、生物和化学防治手段,充分发挥自然控制有害因子的作用,允许病、虫、草、鼠害发生,但要控制在经济阈值下,强调在造成经济损失的前提下才防治。

防治措施主要包括:推广抗性品种、优化栽培措施、适当用药,提倡利用天敌、甘蔗品种多样化等控制病虫害,实现甘蔗农业安全、可持续发展。

110. 维持蔗田生物多样性对有害生物的控制有何意义?

蔗田生物多样性是指蔗田中所有生物物种、同一物种不同品种及生物系统总体的多样性与变异性的总和,包括抗病虫基因多样性、病菌致病基因多样性、有害和有益生物群体结构多样性。生物多样性越高,稳定性越大。生产中应保护好蔗田生物多样性,保证系统稳定和良性循环,达到"无为而治的效果"。具体做法:不使用广谱性化学农药,目的是保护其他昆虫。

111. 甘蔗有害生物防治技术中生物防治措施有哪些?

生物防治措施主要有:①通过对有益捕食生物、寄生生物的保护利用甚至人工饲养再将其释放到田间,对甘蔗有害生物进行捕食或寄生以控制其为害,最常见的有利用赤眼蜂、绒茧蜂防治螟虫等。②利用甘蔗本身的抗性如抗虫性、抗病性等经定向育种,培育出抗某种有害生物的品种。③通过基因导入的方法,将抗性基因导入甘蔗,培育出抗性品种。④利用人工合成有害生物信息素进行干扰、诱集等防治,如螟虫性引诱剂。⑤利用生物分泌的毒素来控制有害生物的为害。⑥通过耕作和栽培措施等达到防治目的。

112. 什么是以虫治虫、以菌治菌和以草治草?

(1)以虫治虫。通过保护和利用自然界中已有的捕食性和寄生性天敌,或人工饲养害虫天敌,将其再释放到蔗田,对害虫实施控制。

(2)以菌治菌。通过自然界中已存在的或人工繁殖的微生物、噬菌体等对病菌实施控制,或利用环境中与病菌具有竞争性和拮抗作用的微生物,人为创造条件使其生长更好、繁殖更多,达到控制病害的目的。

(3)以草治草。利用有些草生长快、对甘蔗生长为害相对较小、根部的分泌物能影响有害杂草根部生长的特点,通过创造这类杂草生长的条件甚至直接播撒这类草籽,影响有害杂草的生存空间,影响有害杂草的根对养分、水分的吸收等,达到控制草害的目的。

113. 如何科学合理使用农药防治甘蔗病虫害?

科学合理使用农药的方法:①根据不同药剂的防治对象,有针对性地用药。②掌握甘蔗病虫害的最佳用药时期,适时用药。③农药的使用剂量及稀释倍数应根据农药标签确定。④根据田间病虫害种类及主次,合理选配药剂种类,用前才混合,达到一次用药兼治多种病虫害,省工、省时、省成本的目的。⑤留意农药标签中的注意事项,药剂混用要按规定进行,否则会降低功效,甚至导致药害。⑥使用除草剂时一定要看清说明书,留意适用作物、杀草谱、用量及注意事项,避免用错药。

114. 怎样预防和治理甘蔗有害生物抗药性问题?

主要措施:①不要长期使用单一农药。②农药合理混用。选择两种或两种以上具有增效作用的药剂,按一定比例混用,可有效延缓抗药性产生。③按照说明书用药,不要随意加大或减少用药量。④采用药剂防治、生物防治、人工防治相结合的方法。⑤停止使用已产生明显抗药性的农药。⑥科研和农技人员要加强抗药性水平和抗性谱监测,以制定对策。

115. 农药药害产生的原因和避免方法有哪些?

药害产生原因:①药剂不适合甘蔗或在高温情况下用药等。②没有按技术要求使用。③盲目加大用量。④盲目混用又掌握不好用量。⑤用过除草剂特别是灭生性的喷雾器,未经洗净又用来喷杀虫剂或杀菌剂。⑥喷除草剂时风吹漂移。

避免药害的方法:①严格按照农药使用说明进行操作,包括限制的适用作物、防治对象、使用剂量、使用方法。②一定不要随意加大用量或与其他农药乱混滥用。③不使用标签使用说明含糊不清或"三证"不齐、生产日期不明、无明确厂家的伪劣产品。④加强对蔗农用药的技术培训。

116. 为何要限制高毒农药在甘蔗上的使用?

有些高毒农药的防治效果虽然比较理想,但不利影响更多:①高毒农药对土壤、水体和空气的污染日趋严重。②高毒农药用药过程可能引起人、畜中毒,残留在农产品中也会直接或间接为害人类。③高毒农药大多是广谱的,选择性差,在杀死害虫时,也会把有益的昆虫或害虫天敌杀死,不利于自然控制。综合考虑可以看出,使用高毒农药弊大于利。

117. 如何有效控制农药在甘蔗植株中的残留?

(1)合理用药。①对症用药,掌握用药的关键期和最有效的施药方法。②注意用药的浓度与用量。③合理混用农药。

(2)安全使用农药。严格遵守《农药安全使用规范》、《农药安全使用标准》等规定,不用高毒、高残留农药,选用高效、低毒、低残留的农药品种,禁止使用已淘汰的农药,施用农药不要次数过多,间隔时间不要太短。

(3)预防为主,综合防治。能采用农业和生物防治措施解决的,就不用农药。

(4)掌握收获期。不允许用药后还没有到安全时间就收获和利用甘蔗,收获时离最后喷药的时间越远越好。

118. 农药使用过程中的个人防护和防中毒措施有哪些?

施药人员的安全防护措施:①施药前,应充分了解农药特性,检修施药器械,确保完好、不漏水。②选择有一定生产经验和农药知识且身体健康的青壮年从事施药作业。③应穿戴工作服、口罩、长裤等防护用品;施用颗粒剂时应戴胶手套,不得用手直接抓施;施用中等毒性以上或具熏蒸作用的农药,应提高警惕,最好有人相伴。④施药期间不得抽烟、喝水、吃东西。⑤施药结束后,应将施药器械清洗干净,脱去工作服。先用水冲洗手、脸等裸露部分,再用肥皂擦洗,用清水漱口,衣物要用洗衣粉浸泡洗净。

在施药过程中或施药后,一旦出现农药中毒症状,如头晕、头痛、恶心、呕吐、四肢无力、冒虚汗等症状时,应首先脱离毒源,脱去衣物,清洗身体的裸露部分,尽快就近就医。当出现抽搐、虚脱、昏迷不醒等严重症状时,应立即送往就近的医院救治或者拨打120求助,并告知医生所用农药种类,以便医生及时对症下药:①有机磷农药轻度中毒者用阿托品解毒；中度或重度中毒者，需要阿托品及胆碱酯酶两者并用。②氨基甲酸酯杀虫剂轻度中毒者可不用特效解毒药，必要时可口服或肌肉注射阿托品。③拟除虫菊酯杀虫剂中毒者用静脉注射葛根毒 250～300 mg，2～4 h 可重复给药，24 h 内给药总量可至 1 000 mg。当拟除虫菊酯杀虫剂与有机磷农药混用中毒时，应先按有机磷中毒进行救治。

119. 有害生物防治的轻简技术关键是什么？

有害生物防治的轻简技术特点是程序简单、操作简便、效果明显。轻简技术的要求是以实用性为原则，以简便、节约性为指标，以有效性为目的。轻简技术关键是：一种技术的推广应用能够解决多种生物为害的问题；一种产品能对多种类型有害生物起到有效控制作用。

120. 甘蔗有害生物防治中选择替代高毒农药的品种有哪些原则？

(1)高效原则。选择高效低毒产品替代高毒农药，如在甘蔗螟虫防治中，可用3.6%杀虫双颗粒剂替代5%特丁磷颗粒剂。

(2)持效、稳定性原则。甘蔗杀虫剂70%为土壤用药，药效受土壤环境和从施药到害虫发生期的时间间隔所影响，因而稳定和持效有效期也要考虑。

(3)可同时杀几种害虫。甘蔗在同一个生长期受到来自地上害虫(如螟虫、蚜虫等)和地下害虫(如天牛、白蚁等)多种害虫的为害，因此甘蔗药剂除要求对最主要防治对象高效外，还应考虑药剂对其他害虫的兼治作用。

(4)安全环保原则。替代品种的低毒安全是关键，同时应考虑在土壤中不会累积，在甘蔗植株中的残留量较低，对环境污染小。

参考文献

[1] 李英能. 作物与水资源利用[M]. 重庆:重庆出版社,2001.
[2] 孙政才. 甘蔗技术 100 问[M]. 北京:中国农业出版社,2009.
[3] 黄景剑. 甘蔗高效节水灌溉及配套农机农艺技术[M]. 北京:科学技术文献出版社,2014.